微電腦 I/O 介面控制實習
－使用 Visual Basic

黃新賢、陳瑞錡、洪純福　編著

全華圖書股份有限公司　印行

序　言

本書的各項實習是以印表機並列埠爲I/O通道，並設計一個並列埠I/O擴充實驗卡，以增加I/O通道的數目，此實驗卡包含二個8255、一個8254及保護電路，此保護電路可減少因實驗者的過失而燒毀電腦的並列埠。

本書的內容包括並列埠的硬體結構、傳輸等相關知識，以及並列埠、8255、8254、A/D、D/A、步進馬達和LCD等週邊元件的介面實驗，期使學生能建立微電腦介面控制的基本能力，進而結合理論與實務，達到應用和設計的能力。

本書全一冊，計九章，編排由淺入深，循序漸進，並力求內容簡明扼要，適用一般技職院校微電腦介面控制等相關課程，亦提供電腦專業人員參考之用。

本書承蒙電子系陳文祥主任和系上所有老師的鼓勵與指導，華亨企業公司陳順隆先生的支持，全華圖書公司的全力支持與協助，致以最大的謝意。

本書在我們三人通力合作，才得以順利完成，雖力求完美，但筆者才疏學淺，謬誤難免，尚祈先進前輩不吝指證賜教。

黃新賢、陳瑞錡、洪純福　謹識

編輯部序

「系統編輯」是我們的編輯方針，我們所提供給您的，絕不只是一本書，而是關於這門學問的所有知識，它們由淺入深，循序漸進。

本書介紹PC個人電腦並列埠與界面IC的驅動原理，以並列埠及VB作I/O界面之控制方式，可使讀者學習PC微電腦界面控制原理、週邊晶片8255/8254之應用、擴充I/O晶片之原理、VB之程式設計、瞭解步進馬達、LCD之應用設計，A/D、D/A 之應用，本書內容有：並列埠簡介、並列埠實驗、可規劃週邊界面8255A、並列埠8255A卡基本輸入/輸出實驗、8255A交握式資料傳輸、可規劃計時/計數器、數位、類比轉換器、步進馬達控制、液晶顯示器。本書適合私立大學、科大電子、電機、資工系「微電腦控制實習」與「介面控制實習」課程使用。

同時，爲了使您能有系統且循序漸進研習相關方面的叢書，我們以流程圖方式，列出各有關圖書的閱讀順序，以減少您研習此門學問的摸索時間，並能對這門學問有完整的知識。若您在這方面有任何問題，歡迎來函連繫，我們將竭誠爲您服務。

相關叢書介紹

書號：0547801
書名：週邊設備原理與應用(第二版)
編著：黃煌翔
20K/536 頁/420 元

書號：05853020
書名：USB2.0 高速週邊裝置設計之實務應用(第三版)(附範例光碟及PCB 單板)
編著：許永和
16K/712 頁/660 元

書號：05522017
書名：介面設計與實習－使用 LabVIEW(NI-VISA)(第二版)(附範例及試用版光碟)
編著：許永和
16K/560 頁/550 元

書號：06158007
書名：介面技術實習(C 語言)(附程式光碟)
編著：黃煌翔
16K/264 頁/300 元

書號：05671017
書名：介面設計與實習－使用 Visual Basic(附範例光碟片)(修訂版)
編著：許永和
16K/736 頁/680 元

書號：05332017
書名：微電腦控制－專題製作(VB 串並列埠控制)(第二版)(附範例光碟)
編著：陳永達.詹可文
16K/512 頁/500 元

◎上列書價若有變動，請以最新定價為準。

流程圖

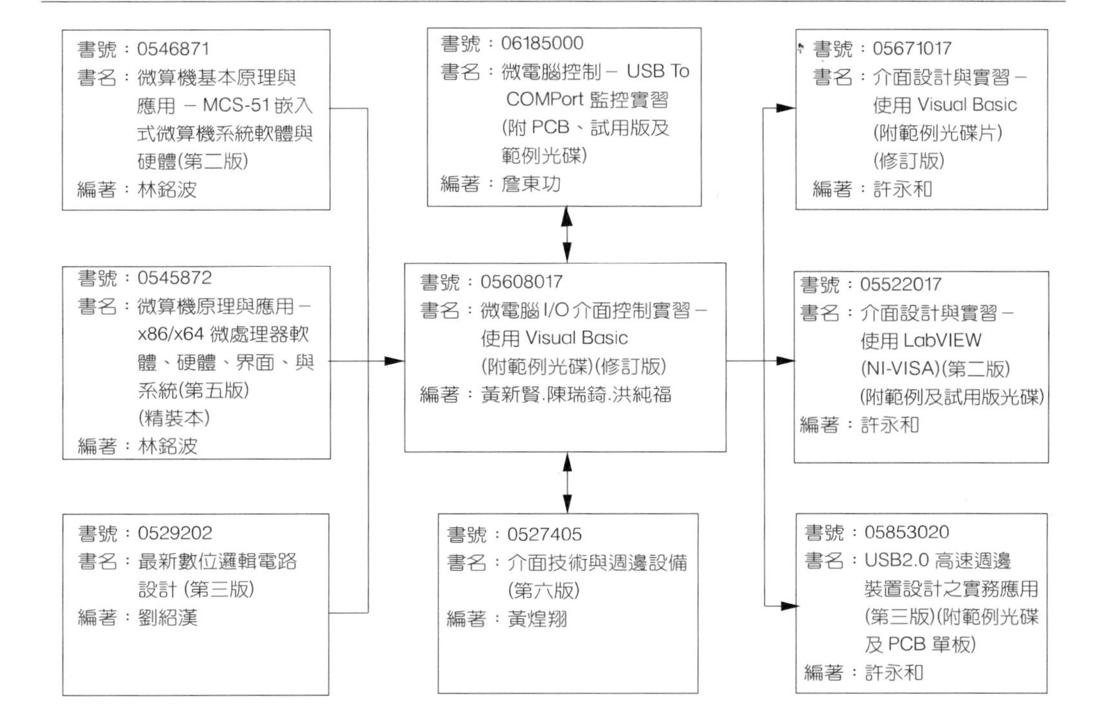

目 錄

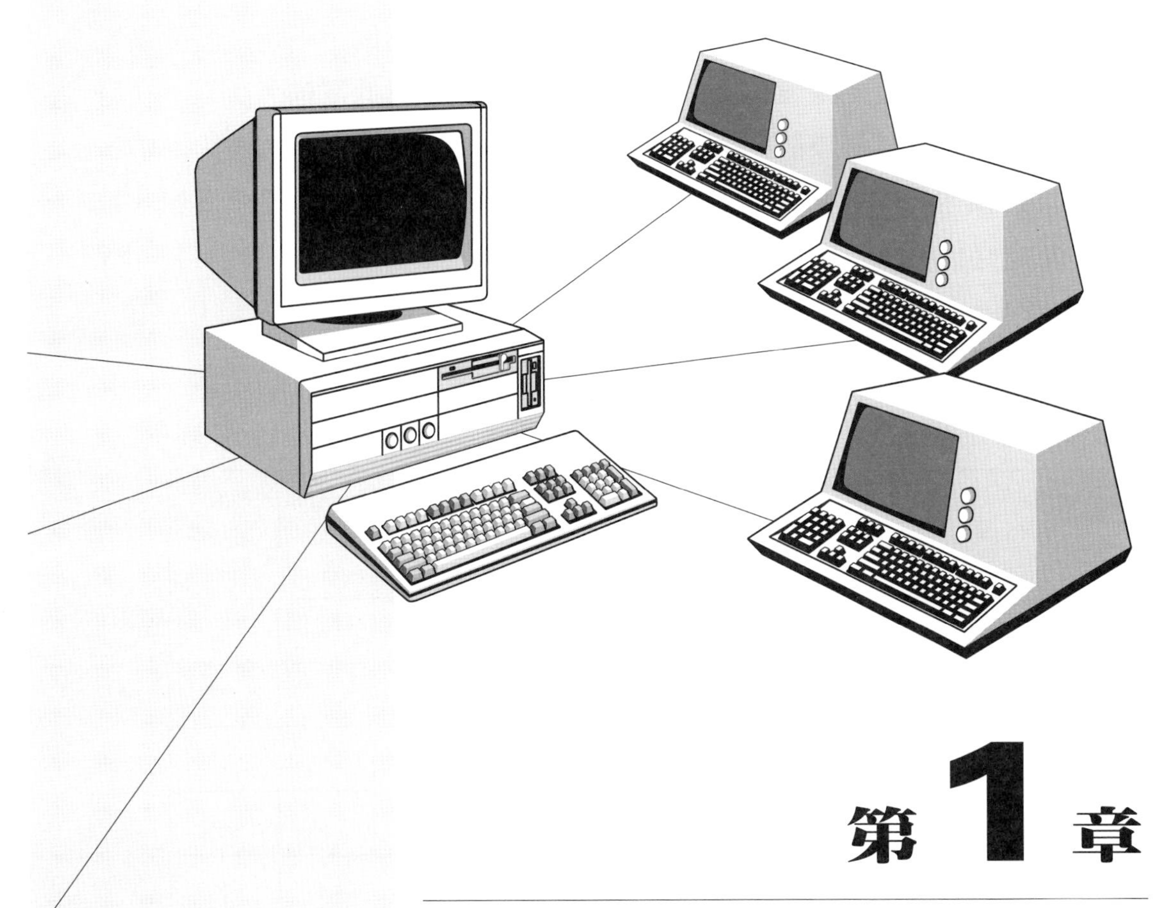

第 1 章

並列埠

◇ 1-1 並列埠硬體特性

PC 的並列埠通常用來接印表機，所以又稱爲印表機埠(Line printer port，LPT)。它是一個D-Type 25 腳的母插座與外部裝置連接，這 25 個接腳的信號名稱如表 1-1。表中信號名稱開頭的字母“n”表示，這個信號線被低電位觸發 (Active Low)，以nError這條信號線爲例，平時是處於高電位，但當印表機發生錯誤時，這條信號線立即轉態爲低電位。所以，在應用程式中可以偵測這條信號線，用以判斷印表機是否正常。在表 1-1 中，硬體反向欄內打勾者表示這條信號線被並列埠 I/O 卡上的硬體反向。以 nBusy 這條信號線爲例，當你從 D-Type 25 Pin 接腳上第 11 腳測得＋5V (Logic 1)，可是你的程式讀到狀態暫存器的位元 7 的內容卻會是 0。這一點在後面章節的實驗實作時，請讀者特別留意一下。

表 1-1　D-Type 25 腳信號名稱

Pin : D-sub	Signal	Function	Source	Register		Inverted at connector?	Pin : Centronics
				Name	Bit #		
1	nStrobe	Strobe D0-D7	PC[1]	Control	0	v	1
2	D0	Data Bit 0	PC[2]	Data	0	x	2
3	D1	Data Bit 1	PC[2]	Data	1	x	3
4	D2	Data Bit 2	PC[2]	Data	2	x	4
5	D3	Data Bit 3	PC[2]	Data	3	x	5
6	D4	Data Bit 4	PC[2]	Data	4	x	6
7	D5	Data Bit 5	PC[2]	Data	5	x	7
8	D6	Data Bit 6	PC[2]	Data	6	x	8
9	D7	Data Bit 7	PC[2]	Data	7	x	9
10	nACK	Acknowledge(may trigger interrupt)	Peripheral	Status	6	x	10

表 1-1 (續)

Pin : D-sub	Signal	Function	Source	Register		Inverted at connector?	Pin : Centronics
				Name	Bit #		
11	Busy	Peripheral Busy	Peripheral	Status	7	v	11
12	Paper End	Paper end, empty(out of paper)	Peripheral	Status	5	x	12
13	Select	Printer Selected(on line)	Peripheral	Status	4	x	13
14	nAutoLF	Generate automatic line feeds after carriage returns	PC[1]	Control	1	v	14
15	nError (nFault)	Error	Peripheral	Status	3	x	32
16	nInit	Initial printer(Reset)	PC[1]	Control	2	x	31
17	nSelectIn	Select Printer(Place on line)	PC[1]	Control	3	v	36
18	Gnd	Ground return for nStrobe, D0					19,20
19	Gnd	Ground return for D1, D2					21,22
20	Gnd	Ground return for D3, D4					23,24
21	Gnd	Ground return for D5, D6					25,26
22	Gnd	Ground return for D7, nACK					27,28
23	Gnd	Ground return for nSelectIn					33
24	Gnd	Ground return for Busy					29

表 1-1 (續)

Pin：D-sub	Signal	Function	Source	Register		Inverted at connector?	Pin：Centronics
				Name	Bit #		
25	Gnd	Ground return for nInit					30
	Chassis	Chassis Ground					17
	NC	No connection					15,18,34
	NC	Signal Ground					16
	NC	+ 5V	Peripheral				35

[1]Setting this bit high allows it to be used as an input(SPP only)
[2]Some Data ports are birectional.

在Intel×86系列的個人電腦上，保留有三個印表機並列埠的I/O位址，如表1-2所列。基本位址3BCH目前幾乎已經不使用了，至於378H及278H的位址，我們常用LPT1及LPT2來表示。

表 1-2 印表機並列埠 I/O 位址

Address	Notes：
3BCH-3BFH	Used Parallel Ports which were incorporated on to Video Cards-Doesn't support ECP addresses
378H-37FH	Usual Address For LPT1
278H-27FH	Usual Address For LPT2

◇ 1-2 並列埠的暫存器

在個人電腦內，標準並列埠 (SPP，Standard Parallel Port)使用3個8位元的暫存器。我們就是對這三個暫存器進行讀寫的動作，來達到接收及傳送資料。這三個暫存器共有12個數位輸出位元，及5個數位輸入位元。請參考表1-3。

表 1-3 並列埠暫存器內容

資料暫存器(基本位址)						
位元	D 型接頭腳號	信號名稱	輸入／出方向	硬體反向		
0	2	Data bit 0	輸出	X		
1	3	Data bit 1	輸出	X		
2	4	Data bit 2	輸出	X		
3	5	Data bit 3	輸出	X		
4	6	Data bit 4	輸出	X		
5	7	Data bit 5	輸出	X		
6	8	Data bit 6	輸出	X		
7	9	Data bit 7	輸出	X		
資料埠可以被設成雙向(參考下面控制暫存器的位元 5)						
狀態暫存器(基本位址 + 1)						
位元	D 型接頭腳號	信號名稱	輸入／出方向	硬體反向	啓始後的接腳邏輯狀態	
0		Time Out	可做 Timeout 指示(1 = Timeout)			
1		Unused				
2		Unused				
3	15	nError (nFault)	輸入	X	L	
4	13	Select	輸入	X	L	
5	12	PaperEnd	輸入	X	L	

表 1-3 (續)

狀態暫存器(基本位址＋1)						
位元	D 型接頭腳號	信號名稱	輸入／出方向	硬體反向	啓始後的接腳邏輯狀態	
6	10	nACK	輸入	X	L	
7	11	Busy	輸入	V	L	
位元 0-2 並沒有連接到 D 型接頭的接腳上						

控制暫存器(基本位址＋2)						
位元	D 型接頭腳號	信號名稱	輸入／出方向	硬體反向	啓始後的接腳邏輯狀態	
0	1	nStrobe	輸出	V	H	
1	14	nAutoLF	輸出	V	H	
2	16	nInit	輸出	X	H	
3	17	nSelectIn	輸出	V	L	
4		Interrupt Enable				
5		Directional Control				
6		Unused				
7		Unused				
位元 4-7 並沒有連接到 D 型接頭的接腳上 Bit 4：Interrupt enable. 1=IRQs pass from nACK to system's interrupt Controller. 0= IRQs do not pass to interrupt controller. Bit 5：Directional control for bidirectional Data ports. 0=write enabled. 1=Read enabled; Data port can read external voltages. Bit 6-7 are unused						

並列埠的三個暫存器如下：

1. 資料暫存器 (Data register)：有 8 個位元，可由控制暫存器的位元 5 之內容，設定資料埠爲輸入或輸出。
2. 狀態暫存器(Status register)：有 5 個位元，狀態暫存器只能讀不能寫。

3. 控制暫存器(Control register)：有 4 個位元，只能輸出。其中有三個位元為反向輸出。

❑ 1-2-1 資料暫存器(The Data register)

資料暫器 (D0～D7)，是用來存放即將送到資料線上的資料位元組。在具有雙向通訊的並列埠，從資料線上接收到的資料位元組，亦是存放在資料暫存器內的。

❑ 1-2-2 狀態暫存器(The status register)

狀態暫存器的內容，是經由5條輸入線獲得印表機的狀態 (S_3～$\overline{S_7}$)，S_0～S_2這三個位元並未連接到 D 型接頭的接腳上。狀態暫存器是唯讀的，除了位元 0，它可做為超時 (Time out)指示位元用，可以用軟體的方式對S_0做清除的動作。狀態暫存器 8 個位元所代表的意義如下：

S_0：超時指示位元，在加強型並列埠 (EPP，Enhance Paraller Port)模式下，當資料傳遞時，發生超時的情況，這個位元會從邏輯 0 轉態為邏輯 1。但本書內所使用的EPP模式下，這個位元並不使用。

S_1：不用。

S_2：不用。

S_3：nError，當印表機發生錯誤時，會將此位元轉態為邏輯 0。

S_4：SelectIn，當印表機備妥連線(On line)時，這個位元會轉態為邏輯 1。

S_5：PaperEnd，當印表機沒有紙張時，此位元會轉態成邏輯 1。

S_6：nAck，印表機可以透過這條信號線，將S_6設成邏輯 0，告訴主控電腦，傳送過來的資料字元已經收到了。如果使用的是其它外接裝置，在中斷被致能的情形之下，更可以透過S_6對主控電腦提出中斷要求。

$\overline{S_7}$：Busy，當印表機處於忙線時，會將此位元設成 0。此位元在暫存器上的邏輯值與 D 型接頭上所量得的電壓值正好相反 (即被硬體反向)。

❑ 1-2-3 控制暫存器(The control register)

控制暫存器保存$\overline{C_0}$～$\overline{C_3}$ 4 個位元的狀態，習慣上這些位元用來做爲輸出的。但在大多數的標準並列埠控制位元的硬體都是採用開路集極 (open-collector)或是開路洩極 (open-drain)設計的，因此，它們也可以用來讀取外部邏輯信號。位元C_4～C_7並沒有連接到 D 型接頭的接腳上。在一般的使用上，控制位元具有下列的控制功能。

$\overline{C_0}$：nStrobe，當電腦啓動後，在D型接頭接腳上爲高電位。這個控制位元經反向後接到D型接頭的接腳上。

$\overline{C_1}$：nAutoLF，由一個邏輯 0 的信號，通知印表機自動產生一個跳行的動作。當電腦啓動後，在 D 型接頭接腳上爲高電位。這個控制位元也是經過反向後連接至D型接頭的接腳上。

$\overline{C_2}$：nInit，負緣信號重置印表機及清除緩衝記憶體。平常維持高電位。

$\overline{C_3}$：nSelectIn：平常維持低電位。經反向接到D型接頭的接腳上。

C_4：Enable interrupt requests，設定爲邏輯 1，則允許外部裝置經由 nAck (S_6)對電腦內中斷控制器，提出中斷要求。如果C_4被設定爲 1，而且並列埠的IRQ level已經在中斷控制器上被設定，那麼，在 nACK 線上產生負緣脈波信號時，將會在主控電腦上產生一個硬體中斷信號，因而程式會進入中斷服務常式中進行中斷服務工作。

C_5：Direction Control，在雙向並列埠中，C_5是用來設定資料埠的傳輸方向。設定爲 0，則資料埠爲輸出模式，設定爲 1，資料線成爲輸入模式。

C_6：保留不用。

C_7：保留不用。

◇ 1-3 標準並列埠的延伸

在上一節詳述並列埠三個暫存器的位元定義，相信讀者可以看出，原始的標準並列埠確實只供陣列式印表機專用。果眞如此，那又如何來控制甚至使用外部裝置呢？事實上，印表機並列埠發展到今天，除了早期的SPP模式外，IEEE在1994年又發表了“IEEE 1284 standard signaling method for a bi-directional Parallel Peripheral interface for personal computers”，在這個標準中，將並列埠擴充爲三大類5種傳輸模式如下：

1. Forward direction only(僅順向)
   (1) Compatibility Mode(相容模式)
2. Reverse direction only(僅反向)
   (1) Nibble Mode(半位元組模式)
   (2) Byte Mode(位元組模式)
3. Bi-directional Mode(雙向模式)
   (1) EPP(Enhanced Parallel Port)加強型並列埠
   (2) ECP(Echanceal Capability Port)加強能力埠

在IEEE 1284標準中，對這五種傳輸模式，在硬體及通信傳輸協議上均有明確的使用規範，其目的就是在擴充並列埠的應用領域及加快其傳輸速度，本書是以EPP模式進行後面各章節的實驗。

◇ 1-4 檢視系統並列埠

從作業系統查看並列埠時，可由『開始』\『控制台』\『系統』中找到裝置管理員，如圖1-1所示，找到印表機連接埠，並點選LPT1後，再按下內容，即可得知印表機埠的設定，本機的地址爲378H～37FH，如圖1-2所示。

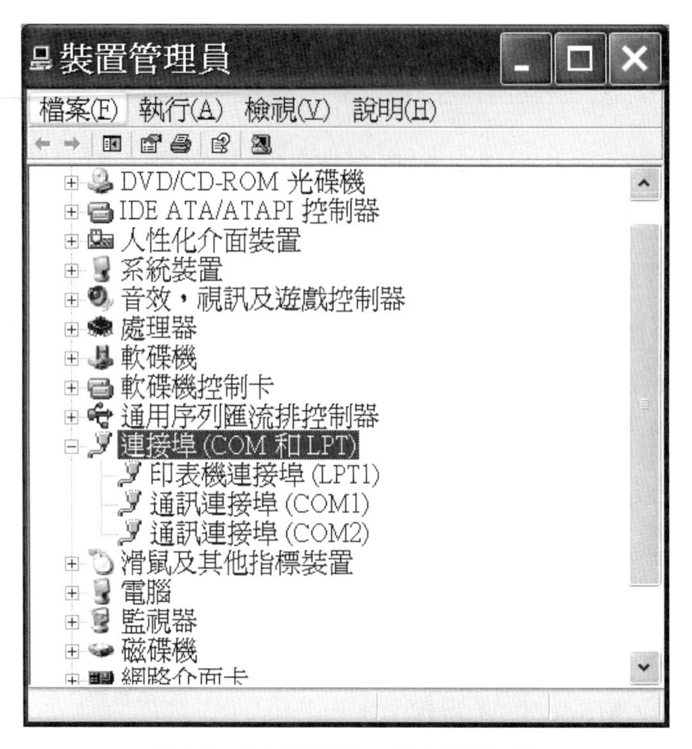

圖 1-1　裝置管理員的印表機連接埠

圖 1-2　印表機連接埠的內容

◇ 1-5 Visual Basic與I/O控制

VB(Visual Basic)語言沒有提供I/O控制函數，必須外加控制函數才可進行。其外加函數可到http://www.logix4u.net下載Inpout32.dll檔案，並將此檔案複製到\windows\system資料夾中，否則就無法進行I/O控制的實驗。此一檔案雖是免費下載，但作者仍不便附於磁片中，請讀者自行利用所提供的網址下載到您的電腦中。

【註：本書是採取此Inpout32.dll檔進行各項實驗，讀者的電腦也必須有此檔案才可】

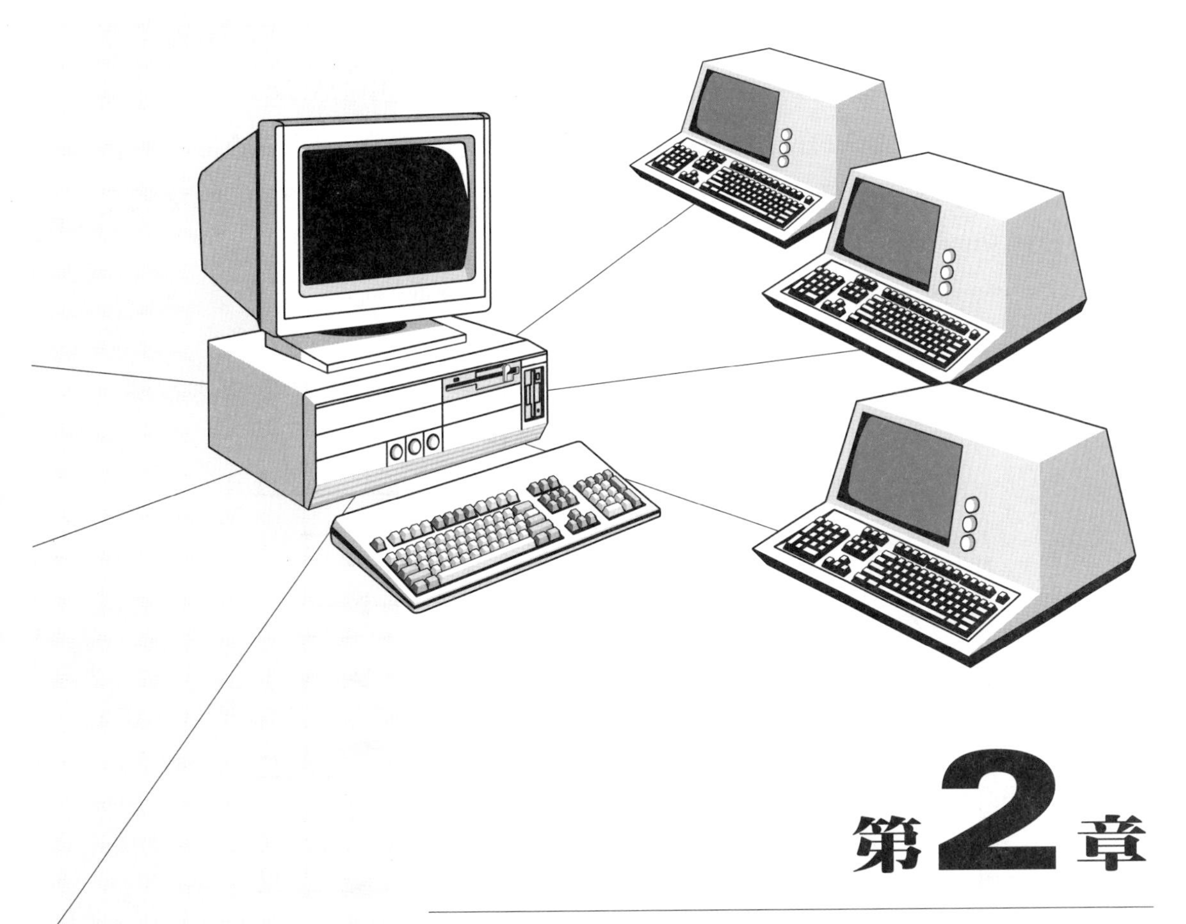

第2章

並列埠(PRINTER PORT)實驗

實驗 2-1：霹靂燈

一、實驗目的

了解並列埠輸出控制原理及程式設計。

二、實驗原理

霹靂燈電路由 8 個LED所構成，藉著程式中數值變化，使LED產生左右來回移動效果。因並列埠的驅動能力較少，所以使用 UM2803 來增加輸出電流。更由於LED的反應時間及人類的視覺暫留效應，LED於每次變化時，在程式中都加上延時動作的時間，來加強明滅的功能，2803 的接腳及內部結構如圖 2-1-1 所示。

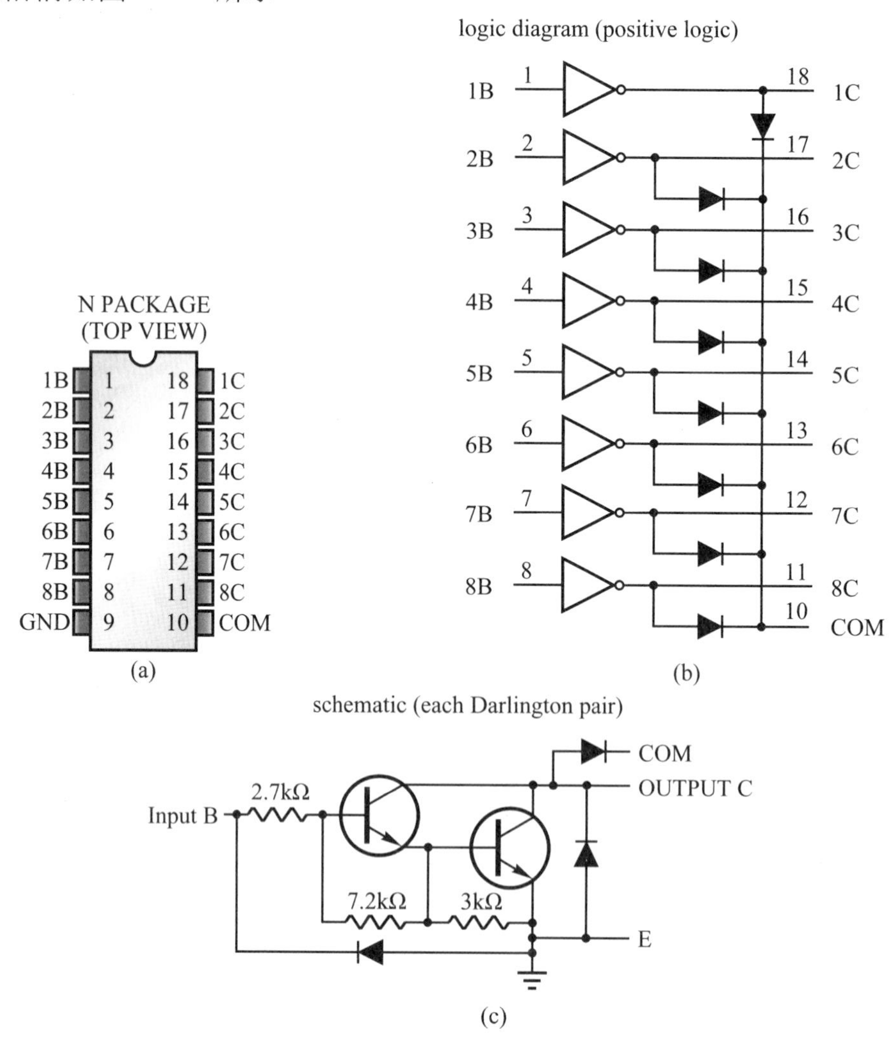

圖 2-1-1　2803 的接腳及內部結構圖

三、實驗功能

由最左D_0所控制的LED先亮，再依序右移第2個亮…，直到第8個LED亮過後，再回到第7個，第6個，……，第1個LED亮，重覆上述動作。

四、實驗電路

本實驗電路如圖2-1-2所示，可直接由並列埠連接或由實驗板的CN1連接，它們的差別是實驗板中加有保護電路，可以防止燒毀電腦的並列埠介面。(保護電路請參閱第三章)

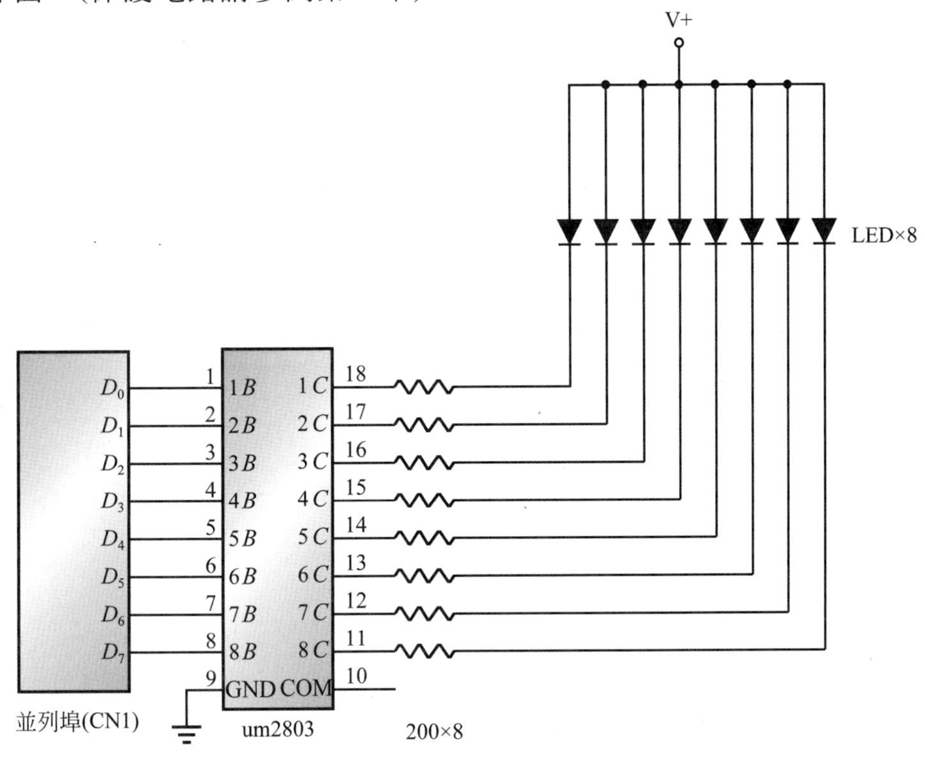

圖2-1-2　霹靂燈

五、實驗程式設計

(一)畫面設計

本書主要是在做介面控制的介紹，所以在畫面上的設計力求簡單，以免使程式變得很複雜，而不容易瞭解。本實驗使用到四個物件，其中二個為Command按鈕(執行和結束)，一個Timer做時間(250m Sec)間隔執行和一個Text做輸出值顯示。如圖2-1-3所示。

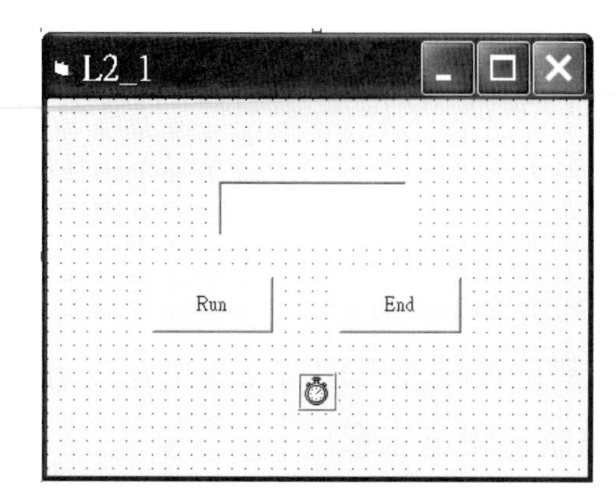

圖 2-1-3　實驗畫面設計

(二)程式設計

```
'   L2_1 實驗，印表機並列埠直接輸出控制 LED

(A)程式  IN_OUT 模組
1   Public Declare Function Inp Lib "inpout32.dll" _
2   Alias "Inp32" (ByVal PortAddress As Integer) As Integer
3   Public Declare Sub out Lib "inpout32.dll" _
4   Alias "Out32" (ByVal PortAddress As Integer, ByVal Value As Integer)

(B)主程式
1   Option Explicit
2   Dim Value As Integer
3   Dim PortAddress As Integer
4   Dim LEDvalue As Variant
5
6   Private Sub cmdRun_Click()
7     Timer1.Enabled = True
8   End Sub
9
10  Private Sub End_Click()
11   End
12  End Sub
13
14  Private Sub Form_Load()
15    LEDvalue = Array(&H1, &H2, &H4, &H8, _
17                     &H10, &H20, &H40, &H80, _
18                     &H80, &H40, &H20, &H10, _
```

```
19                    &H8, &H4, &H2, &H1)
20    Value = 0
21    Timer1.Enabled = False
22    Timer1.Interval = 250
23    PortAddress = &H378
24  End Sub
25
26  Private Sub timer1_Timer()
27   out PortAddress, LEDvalue(Value)
28   Text1.Text = LEDvalue(Value)
29   If Value < 15 Then
30      Value = Value + 1
31   Else
32      Value = 0
33  End If
34  End Sub
```

程式 2-1 霹靂燈

(三) 程式說明

(A)IN_OUT 模組

本書的所有實驗範例都必須使用到一個 inpout32.dll 的動態連結程式庫。當讀者實作時，必須先將此檔案 copy 到 windows 的 system 目錄下，以提供 VB 程式的呼叫。此 IN_OUT 模組是作宣告用，如此才能呼叫 inpout32.dll 內的副程式。

【註】底下各實驗就不再說明 IN_OUT 模組。

(B)主程式

行號	說明
1	Option Explicit 表示程式中的所有變數都必須宣告其資料型態。
2~4	整體變數宣告。
6~7	cmdRun_Click()為事件副程式。當滑鼠移到此物件(cmdRun)，並按下左鍵時，會激發此事件而執行此副程式，並致能 timer1 開始計時。
10~12	End_Click()為事件副程式。當滑鼠移到此物件(End)，並按下左鍵時，會激發執行而結束整個程式。

14~24	當程式開始執行時，Form_Load()是第一個被執行的副程式。一般都作爲變數初值的設定區。
15~19	霹靂燈閃滅資料。
20~23	變數初值的設定。
22	設定每隔250m Sec執行timer1_Timer()一次。
23	令PortAddress = &H378，其中378H爲印表機並列埠的地址。
26~34	timer1_Timer()副程序。每隔250m Sec執行一次。
27	利用 Value 之值控制，而將15~19所定義的資料，由印表機並列埠輸出，點亮對應之LED。
28~32	判斷Value是否小於15，如果"yes"則Value內容加1，反之"no"時，則Value=0。爲何Value要設定爲小於15？主要是本程式的霹靂燈閃滅資料爲16筆，且陣列的 index 值是由0開始。如果讀者要改變點亮的資料，則此值將隨讀者所定義的資料總數而改變 。
33	由物件Text1顯示輸出並列埠之值。

六、問題

1. 請修改程式2_1，使成爲紅綠燈控制裝置。

2. 設計一個簡易廣告燈。

實驗 2-2：輸入／輸出實驗

一、實驗目的

了解如何利用並列埠的狀態埠讀取資料，並利用資料埠將資料輸出。

二、實驗原理

輸入／輸出電路乃是利用並列埠的狀態埠作輸入和資料埠作為輸出。資料埠的位址為378H，狀態埠的位址為379H。

三、實驗功能

將狀態埠上的DIP開關狀態讀取，並將讀取的值，利用對照表轉換成7段顯示器的顯示資料，由資料埠輸出顯示。

四、實驗電路

如圖2-2-1所示。

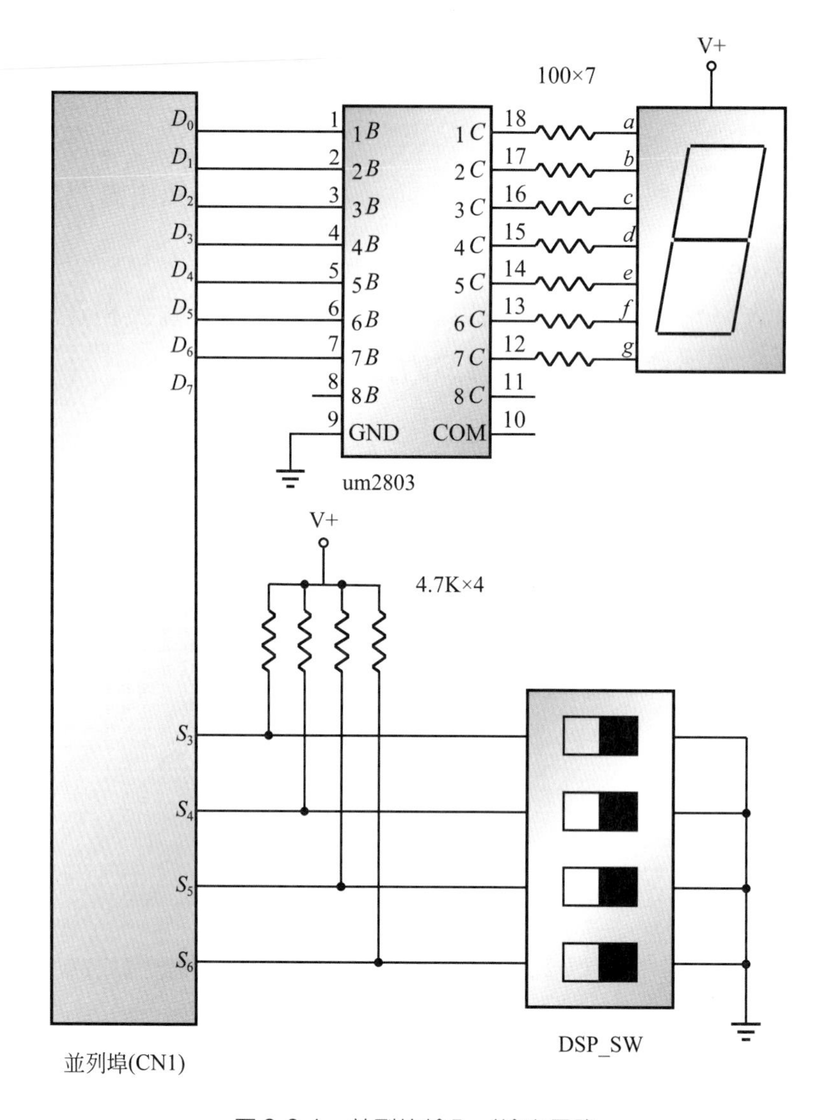

圖 2-2-1　並列埠輸入／輸出電路

五、實驗程式設計

(一)畫面設計

本實驗使用到四個物件，其中二個為Command按鈕(執行和結束)，一個Timer做時間(10m Ses)間隔執行和一個Text做輸出值顯示。如圖2-2-2所示。

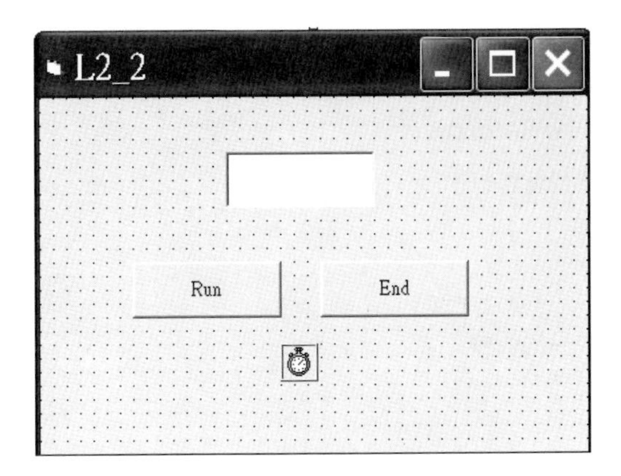

圖 2-2-2　實驗 2-2 之畫面設計

(二)程式設計

```
'   L2_2 實驗，印表機並列埠直接輸入/輸出控制
(A)程式  IN_OUT 模組

1   Public Declare Function Inp Lib "inpout32.dll" _
2   Alias "Inp32" (ByVal PortAddress As Integer) As Integer
3   Public Declare Sub out Lib "inpout32.dll" _
4   Alias "Out32" (ByVal PortAddress As Integer, ByVal Value As Integer)
```

```
(B)主程式

1   Option Explicit
2   Dim Value As Integer
3   Dim PortAddress As Integer
4   Dim LED_7seg As Variant
5
6   Private Sub CmdEnd_Click()
7     End
8   End Sub
9
10  Private Sub Form_Load()
11   LED_7seg = Array(&H3F, &H6, &H5B, &H4F, _
12                    &H66, &H6D, &H7D, &H7, _
13                    &H7F, &H6F, &H77, &H7C, _
14                    &H58, &H5E, &H79, &H71)
15   Timer1.Enabled = False
16   Timer1.Interval = 10
```

```
17    PortAddress = &H378
18  End Sub
19
20  Private Sub CmdRun_Click()
21    Timer1.Enabled = True
22  End Sub
23
24  Private Sub timer1_Timer()
25    Dim x, y As Integer
26    x = Inp(PortAddress + 1)
27    y = (x \ 8)
28    Value = y Mod &H10
29    out PortAddress, LED_7seg(Value)
30    Text1.Text = Value
31  End Sub
```

程式 2-2　印表機並列埠直接輸入／輸出控制

(三)程式說明：(B)主程式

行號	說明
1	Option Explicit 表示程式中的所有變數都必須宣告其資料型態。
2~4	整體變數宣告。
6~8	CmdEnd_Click()為事件副程式。當滑鼠移到此物件(End)，並按下左鍵時，會激發執行而結束整個程式。
10~18	當程式開始執行時，Form_Load()是第一個被執行的副程式。一般都作為變數初值的設定區。
11~14	0~F 值轉成七段顯示器的轉換資料。
15~17	變數初值的設定。
16	設定每隔 10m Sec 執行 timer1_Timer()一次。
17	令 PortAddress = &H378，其中 378H 為印表機並列埠的位址。
20~22	CmdRun_Click()事件副程式。
21	致能 timer1 開始計時。
24~31	timer1_Timer()副程序。每隔 10m Sec 執行一次。
26	讀取狀態埠（位址為 378H+1）的 DIP 開關之值。

27	將讀取之值除以8，表示右移3個位元，存入變數Value內。
28	將Value之第5~7 bits清爲0。
29	透過陣列LED_7seg將Value轉換成七段顯示器之顯示值輸出到資料埠。
30	物件Text1顯示輸出並列埠之值。

六、問　題

1. 請利用實驗2-2，設計一個防盜器。

實驗 2-3：3 個 7 段顯示器—使用多工

一、實驗目的

瞭解多工掃描顯示器的原理及其程式設計。

二、實驗原理

3 個 7 段顯示器 (共陽極)的a段連在一起，b段連在一起，……，f段也連在一起，其各別的陽極接到 74LS244 的輸出腳 (18，16，14)。顯示資料由並列埠的資料埠輸出，而掃描動作由控制埠來控制，又因控制埠的輸出與掃描碼成反相，所以掃描碼必須利用 0 掃描，才能驅動共陽極 7 段顯示器。控制埠的輸出情況，請參閱第 1 章；圖 2-3-1 爲 74LS244 之接腳及功能表。

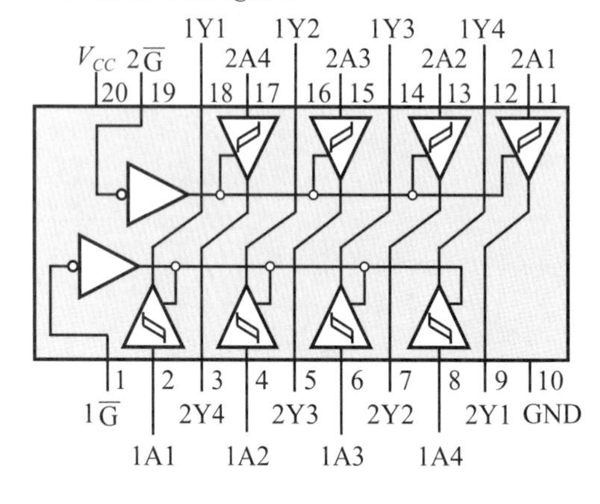

Function Table

Inputs		Output
$\overline{G}$	A	Y
L	L	L
L	H	H
H	X	Z

L=LOW Logic Level
H=HIGH Logic Level
X=Either LOW or HIGH Logic Level
Z=HIGH Impedance

圖 2-3-1　74LS244 之接腳圖及功能表

三、實驗功能

3 個顯示器的顯示資料由 000，001，……，998，999，000，001，……，一直重覆顯示。

四、實驗電路

如圖 2-3-2 所示。

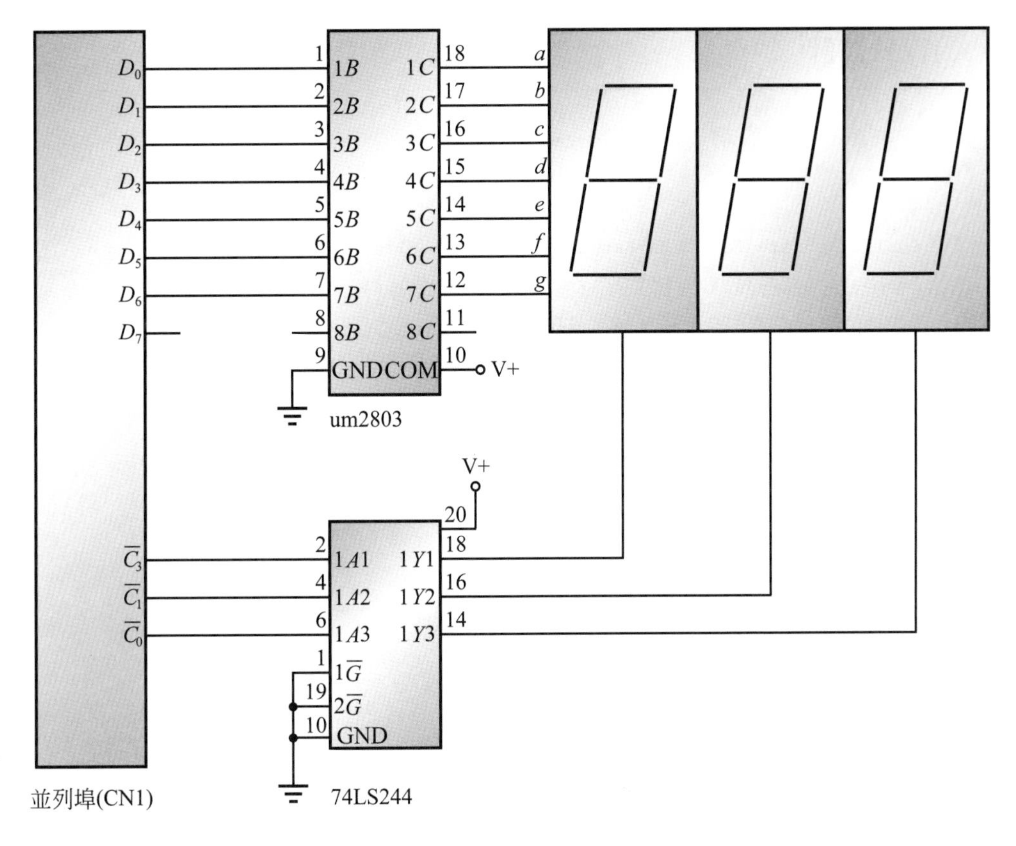

圖 2-3-2　3 個 7 段顯示器—使用多工

五、實驗程式設計

(一)畫面設計

本實驗使用到三個物件，其中二個為Command按鈕（執行和結束），和一個 Text 做輸出值顯示。如圖 2-3-3 所示。

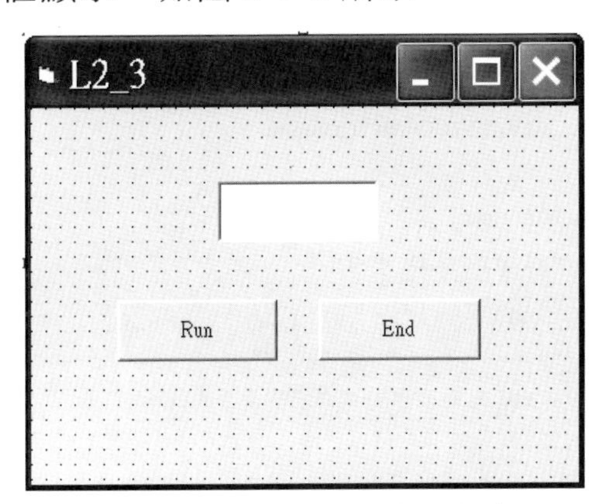

圖 2-3-3　實驗 2-3 之畫面設計

(二)程式設計

```
'   L2_3 實驗，掃瞄式三個七段 LED 顯示控制
(A)程式  IN_OUT 模組

1   Public Declare Function Inp Lib "inpout32.dll" _
2   Alias "Inp32" (ByVal PortAddress As Integer) As Integer
3   Public Declare Sub out Lib "inpout32.dll" _
4   Alias "Out32" (ByVal PortAddress As Integer, ByVal Value As Integer)

(B)主程式

1   Option Explicit
2   Dim Count_value, Scan_value As Integer
3   Dim PortAddress As Integer
4   Dim LED_7seg, Scan As Variant
5   Dim Count_speed As Integer
6   Const SPEED = 100
7   Private Sub CmdEnd_Click()
8    End
9   End Sub
10
11  Private Sub Form_Load()
12   LED_7seg = Array(&H3F, &H6, &H5B, &H4F, &H66, _
13                    &H6D, &H7D, &H7, &H7F, &H6F)
14   Scan = Array(&HA, &H9, &H3)
15   Count_value = 0
16   Count_speed = 0
17   PortAddress = &H378
18  End Sub
19
20  Private Sub CmdRun_Click()
21   Dim k, j, i0, i10, i100 As Integer
22   While 1
23   i0 = Count_value Mod 10
24   i10 = (Count_value \ 10) Mod 10
25   i100 = Count_value \ 100
26   For j = 0 To 2
27     out PortAddress + 2, &HB
28     Select Case j
29       Case 0
30         out PortAddress, LED_7seg(i0)
```

```
31        Case 1
32          out PortAddress, LED_7seg(i10)
33        Case Else
34          out PortAddress, LED_7seg(i100)
35      End Select
36      out PortAddress + 2, Scan(j)
37      Delay 100
38    Next j
39    Text1.Text = Count_value
40
41    Count_speed = Count_speed + 1
42    If Count_speed = SPEED Then
43       Count_speed = 0
44       If Count_value = 999 Then
45          Count_value = 0
46       Else
47          Count_value = Count_value + 1
48       End If
49    End If
50
51    DoEvents
52   Wend
53   End Sub
54
55   Public Sub Delay(t As Integer)
56    Dim t1, t2 As Integer
57    For t1 = 0 To t
58      For t2 = 0 To t
59      Next t2
60    Next t1
61   End Sub
```

程式 2-3 掃瞄式三個七段 LED 顯示控制

(三)程式說明：(B)主程式

行　號	說　　　明
1	Option Explicit 表示程式中的所有變數都必須宣告其資料型態。
2～6	整體變數宣告。
7～9	CmdEnd_Click()為事件副程式。當滑鼠移到此物件(End)，並按下左鍵時，會激發執行而結束整個程式。

14～18　當程式開始執行時，Form_Load()是第一個被執行的副程式。一般都作爲變數初值的設定區。

11～13　定義七段顯示器由0~9的顯示資料，共十筆。

14　定義三筆的掃瞄碼，掃瞄線是使用控制埠的$\overline{C_3}$，$\overline{C_1}$，$\overline{C_0}$等三個位元。

15～17　變數初值的設定。

17　令PortAddress = &H378，其中378H爲印表機並列埠的地址。

20～53　CmdRun_Click()事件副程式。

21　變數宣告。

22～52　無限迴圈，使電路一直重覆000~999顯示。

23　取個位數存入i0。

24　取十位數存入i10。

25　取百位數存入i100。

26～38　依序掃瞄個、十、百位數並顯示其值。

27　主要目的是消除餘光。

28～35　由28行的j變數，用Select Case切換個、十、百位的輸出。

36　輸出掃瞄碼至控制埠。

41～49　由Count_speed變數控制顯示時間，由Count_value變數控制顯示值000~999。

51　DoEvents是釋放CPU的執行權，使每個物件都能被執行。

55～61　Delay副程式。

六、問　題

1. 如果七段顯示器改爲共陰極時，電路和程式應如何修改。
2. 如果電路上的七段顯示器選用大顆大電流的零件，電路應如何修改。
3. 程式中的掃瞄時間（scan time）如何更改？太快或太慢會有和現象產生？

實驗 2-4：LED 點矩陣顯示器

一、實驗目的

瞭解 5×7 LED 點矩陣顯示器的字型設計與控制方法。

二、實驗原理

5×7 LED 點矩陣顯示器的內部結構如圖 2-4-1 所示二種型式，本實驗是使用 a 圖的結構，同一列所有 LED 的 P 極接在一起，而同一行所有 LED 的 N 也接在一起，因此我要點亮某一個 LED 時，要提供正電壓給相對的列，即 P 極所在，再將其 N 極接低電位，如此 LED 處於順向偏壓的狀態，就能發光了。

5×7 點矩陣顯示器如能適當的控制，可顯示出數字，符號或中文字形，惟受點數的限制，較複雜者仍難以顯示。因此我們可藉著點矩陣上 LED 的亮與滅，完成如圖 2-4-2 的字形表，顯示出 0～9。圖 2-4-3 爲 0～9 的字碼表。

三、實驗功能

重複顯示 0～9 等 10 個數目字。

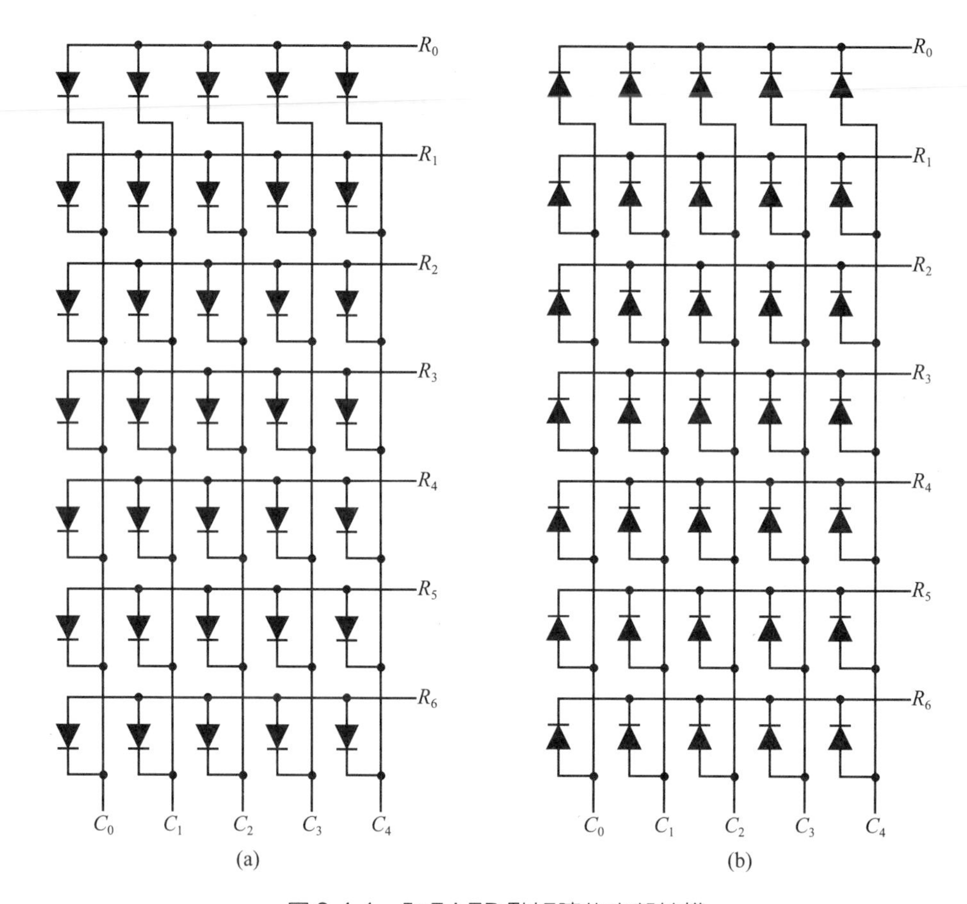

圖 2-4-1　5×7 LED 點矩陣的內部結構

圖 2-4-2　字形表

四、實驗電路

如圖 2-4-4 所示，顯示資料由並列埠的資料埠輸出到 5×7 LED 點矩陣的R_0～R_7，掃描碼由控制埠的$\overline{C_0}$，$\overline{C_1}$，$\overline{C_3}$三個位元控制，它們經過 74LS138

解碼爲$\overline{Y_0}$～$\overline{Y_4}$，$\overline{Y_0}$～$\overline{Y_4}$分別控制 5×7 LED 點矩陣的C_0～C_4等五條控制線。又因控制埠的$\overline{C_0}$，$\overline{C_1}$，$\overline{C_3}$接腳跟控制資料成反向，其控制碼的爲圖 2-4-5 所示，其C_2控制線未用。本實驗使用到 74LS244 和 74LS138 2 顆IC，其接腳圖和眞值表如圖 2-4-6，2-4-7 所示。

CHAR	ROW							CODE	COLUMN
	R_6	R_5	R_4	R_3	R_2	R_1	R_0		
0	0	1	1	1	1	1	0	3E	C0
	1	0	0	0	0	0	1	41	C1
	1	0	0	0	0	0	1	41	C2
	1	0	0	0	0	0	1	41	C3
	0	1	1	1	1	1	0	3E	C4
1	1	0	0	0	0	0	0	40	C0
	1	0	0	0	0	1	0	42	C1
	1	1	1	1	1	1	1	7F	C2
	1	0	0	0	0	0	0	40	C3
	1	0	0	0	0	0	0	40	C4
2	1	0	0	0	1	1	0	46	C0
	1	1	0	0	0	0	1	61	C1
	1	0	1	0	0	0	1	51	C2
	1	0	0	1	0	0	1	49	C3
	1	0	0	0	1	1	0	46	C4
3	0	1	0	0	0	1	0	22	C0
	1	0	0	0	0	0	1	41	C1
	1	0	0	1	0	0	1	49	C2
	1	0	0	1	0	0	1	49	C3
	0	1	1	0	1	1	0	36	C4
4	0	0	1	1	0	0	0	18	C0
	0	0	1	0	1	0	0	14	C1
	0	0	1	0	0	1	0	12	C2
	1	1	1	1	1	1	1	7F	C3
	0	0	1	0	0	0	0	10	C4

圖 2-4-3　字碼表

CHAR	ROW							CODE	COLUMN
	R_6	R_5	R_4	R_3	R_2	R_1	R_0		
5	1	0	0	1	1	1	1	4F	C0
	1	0	0	1	0	0	1	49	C1
	1	0	0	1	0	0	1	49	C2
	1	0	0	1	0	0	1	49	C3
	0	1	1	0	0	0	1	31	C4
6	0	1	1	1	1	1	0	3E	C0
	1	0	0	1	0	0	1	49	C1
	1	0	0	1	0	0	1	49	C2
	1	0	0	1	0	0	1	49	C3
	0	1	1	0	0	1	0	32	C4
7	0	0	0	0	0	1	1	03	C0
	0	0	0	0	0	0	1	01	C1
	1	1	0	0	0	0	1	61	C2
	0	0	1	1	0	0	1	19	C3
	0	0	0	0	1	1	1	07	C4
8	0	1	1	0	1	1	0	36	C0
	1	0	0	1	0	0	1	49	C1
	1	0	0	1	0	0	1	49	C2
	1	0	0	1	0	0	1	49	C3
	0	1	1	0	1	1	0	36	C4
9	0	1	0	0	1	1	0	26	C0
	1	0	0	1	0	0	1	49	C1
	1	0	0	1	0	0	1	49	C2
	1	0	0	1	0	0	1	49	C3
	0	1	1	1	1	1	0	3E	C4

圖 2-4-3 (續)

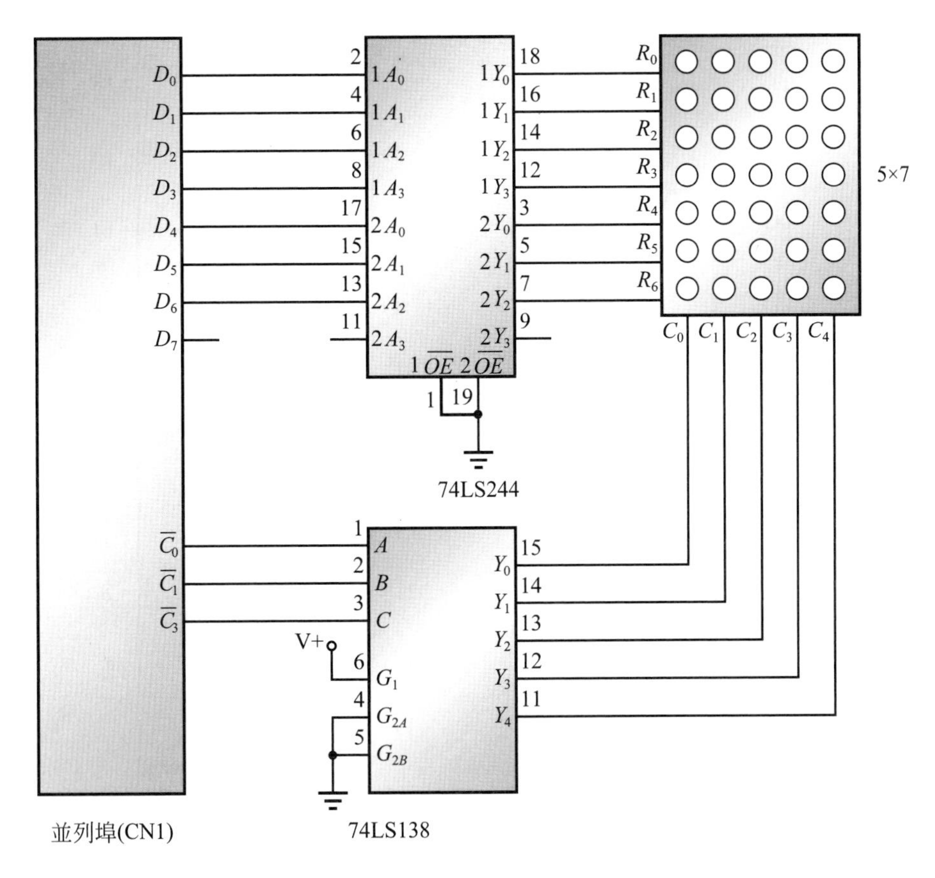

圖 2-4-4　5×7 點矩陣控制電路

程式輸出資料								控制埠接腳資料				74LS138								
D_7	D_6	D_5	D_4	D_3	D_2	D_1	D_0	$\overline{C_3}$	C_2	$\overline{C_1}$	$\overline{C_0}$	C	B	A	$\overline{Y_0}$	$\overline{Y_1}$	$\overline{Y_2}$	$\overline{Y_3}$	$\overline{Y_4}$
0	0	0	0	1	0	1	1	0	0	0	0	0	0	0	0	1	1	1	1
0	0	0	0	1	0	1	0	0	0	0	1	0	0	1	1	0	1	1	1
0	0	0	0	1	0	0	1	0	0	1	0	0	1	0	1	1	0	1	1
0	0	0	0	1	0	0	0	0	0	1	1	0	1	1	1	1	1	0	1
0	0	0	0	0	0	1	1	1	0	0	0	1	0	0	1	1	1	1	0

*控制埠的$\overline{C_0}$，$\overline{C_1}$，$\overline{C_3}$分別接到 74LS138 的輸入 A、B、C。

圖 2-4-5　掃描碼資料轉換表

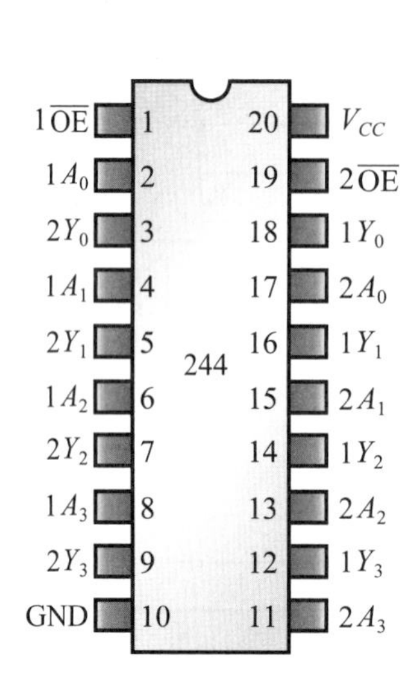

(a) Pin configuration

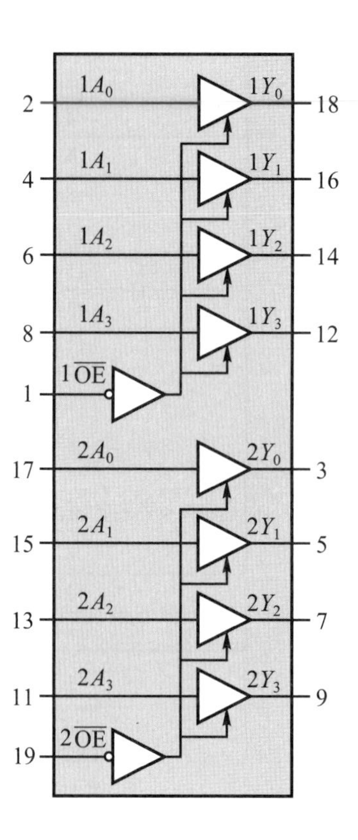

(b) Logic diagram

圖 2-4-6　74LS244 接腳及邏輯電路圖

Connection Diagrams

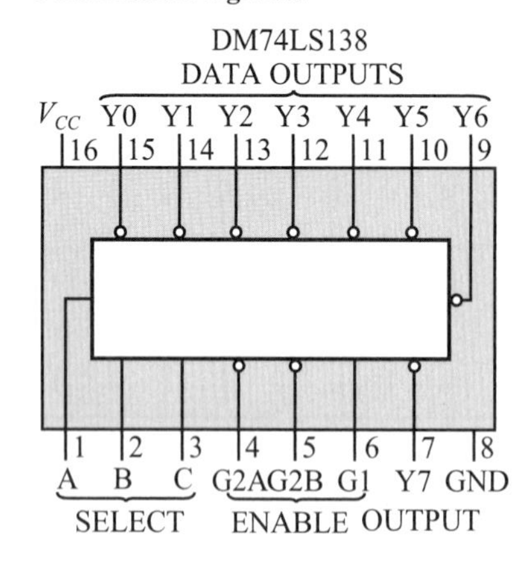

Function Tables

DM74LS138

Inputs					Outputs							
Enable		Select										
G1	G2(Note 1)	C	B	A	Y0	Y1	Y2	Y3	Y4	Y5	Y6	Y7
×	H	×	×	×	H	H	H	H	H	H	H	H
L	×	×	×	×	H	H	H	H	H	H	H	H
H	L	L	L	L	L	H	H	H	H	H	H	H
H	L	L	L	H	H	L	H	H	H	H	H	H
H	L	L	H	L	H	H	L	H	H	H	H	H
H	L	L	H	H	H	H	H	L	H	H	H	H
H	L	H	L	L	H	H	H	H	L	H	H	H
H	L	H	L	H	H	H	H	H	H	L	H	H
H	L	H	H	L	H	H	H	H	H	H	L	H
H	L	H	H	H	H	H	H	H	H	H	H	L

H=HIGH Level
L=LOW Level
×=Don't Care
Note 1:G2=G2A+G2B

圖 2-4-7　74LS138 接腳圖及功能表

五、實驗程式設計

(一)畫面設計

本實驗使用到三個物件，其中二個為Command按鈕（執行和結束），和一個 Text 做輸出值顯示。如圖 2-4-8 所示。

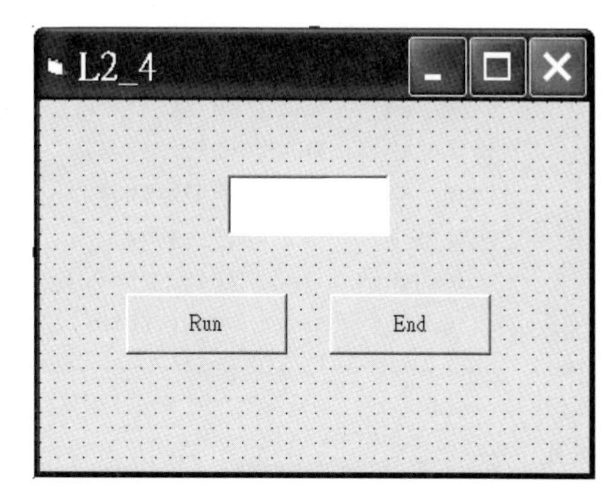

圖 2-4-8　實驗 2-4 之畫面設計

(二)程式設計

```
'   L2_4 實驗，5*7 點矩陣 LED 顯示控制

(A)程式   IN_OUT 模組

1   Public Declare Function Inp Lib "inpout32.dll" _
2   Alias "Inp32" (ByVal PortAddress As Integer) As Integer
3   Public Declare Sub out Lib "inpout32.dll" _
4   Alias "Out32" (ByVal PortAddress As Integer, ByVal Value As Integer)

(B)主程式

1   Option Explicit
2   Dim Count_value, Scan_value As Integer
3   Dim PortAddress As Integer
4   Dim LED_Matrix As Variant
5   Dim Scan As Variant
6   Dim Count_speed As Integer
7   Const SPEED = 500
8
9   Private Sub CmdEnd_Click()
```

```
10   End
11  End Sub
12
13  Private Sub Form_Load()
14   LED_Matrix = Array(&H3E, &H41, &H41, &H41, &H3E, _
15                     &H40, &H42, &H7F, &H40, &H40, _
16                     &H46, &H61, &H51, &H49, &H46, _
17                     &H22, &H41, &H49, &H49, &H36, _
18                     &H18, &H14, &H12, &H7F, &H10, _
19                     &H4F, &H49, &H49, &H49, &H31, _
20                     &H3E, &H49, &H49, &H49, &H32, _
21                     &H3, &H1, &H61, &H19, &H7, _
22                     &H36, &H49, &H49, &H49, &H36, _
23                     &H26, &H49, &H49, &H49, &H3E)
24   Scan = Array(&HB, &HA, &H9, &H8, &H3)
25   Scan_value = 0
26   Count_value = 0
27   Count_speed = 0
28   PortAddress = &H378
29  End Sub
30
31  Private Sub CmdRun_Click()
32    Dim j As Integer
33    While 1
34       For j = 0 To 4
35         out PortAddress + 2, &H0
36         Select Case j
37           Case 0
38             out PortAddress, LED_Matrix(5 * Count_value)
39           Case 1
40             out PortAddress, LED_Matrix(5 * Count_value + 1)
41           Case 2
42             out PortAddress, LED_Matrix(5 * Count_value + 2)
43           Case 3
44             out PortAddress, LED_Matrix(5 * Count_value + 3)
45           Case Else
46             out PortAddress, LED_Matrix(5 * Count_value + 4)
47         End Select
48         out PortAddress + 2, Scan(j)
49         Delay 200
50       Next j
51       Text1.Text = Count_value
```

```
52      Count_speed = Count_speed + 1
53      If Count_speed = SPEED Then
54         Count_speed = 0
55         If Count_value = 9 Then
56            Count_value = 0
57         Else
58            Count_value = Count_value + 1
59         End If
60       End If
61       DoEvents
62     Wend
63 End Sub
64
65 Public Sub Delay(t As Integer)
66   Dim t1, t2 As Integer
67   For t1 = 0 To t
68     For t2 = 0 To t
69     Next t2
70   Next t1
71 End Sub
```

程式 2-4 5*7 點矩陣 LED 顯示控制

(三)程式說明：(B)主程式

行 號	說 明
1	Option Explicit 表示程式中的所有變數都必須宣告其資料型態。
2～7	整體變數宣告。
9～11	CmdEnd_Click()為事件副程式。當滑鼠移到此物件(End)，並按下左鍵時，會激發執行而結束整個程式。
13～29	當程式開始執行時，Form_Load()是第一個被執行的副程式。一般都作為變數初值的設定區。
14～23	定義 0～9 字元碼的資料。
24	定義五筆掃瞄碼資料。
25～28	變數初值的設定。
28	令 PortAddress＝&H378，其中 378H 為印表機並列埠的地址。

31～63	CmdRun_Click()事件副程式。
32	變數宣告。
33～62	無限迴圈，使一直重覆循環顯示 0 到 9。
34～50	此 FOR 迴圈的作用是依序由 $\overline{C_0}$至 $\overline{C_4}$間掃瞄。
35	主要目的是消除餘光。
36～47	由 36 行的 j 變數，用 Select Case 依序送出 $\overline{C_0}$至 $\overline{C_4}$的顯示資料。
48	輸出掃瞄碼至控制埠。
49	控制各行(column)的顯示時間。
52～60	由 Count_speed 變數控制顯示時間，由 Count_value 變數控制顯示值 0～9。
61	DoEvents 是釋放 CPU 的執行權，使每個物件都能被執行。
65～71	Delay 副程式。

六、問　題

1. 讓 5×7 點矩陣 LED 顯示你的學號和電話號碼。
2. 若將 5×7 點矩陣 LED 改用圖 2-4-1(b)所示，電路和程式應如何修改。

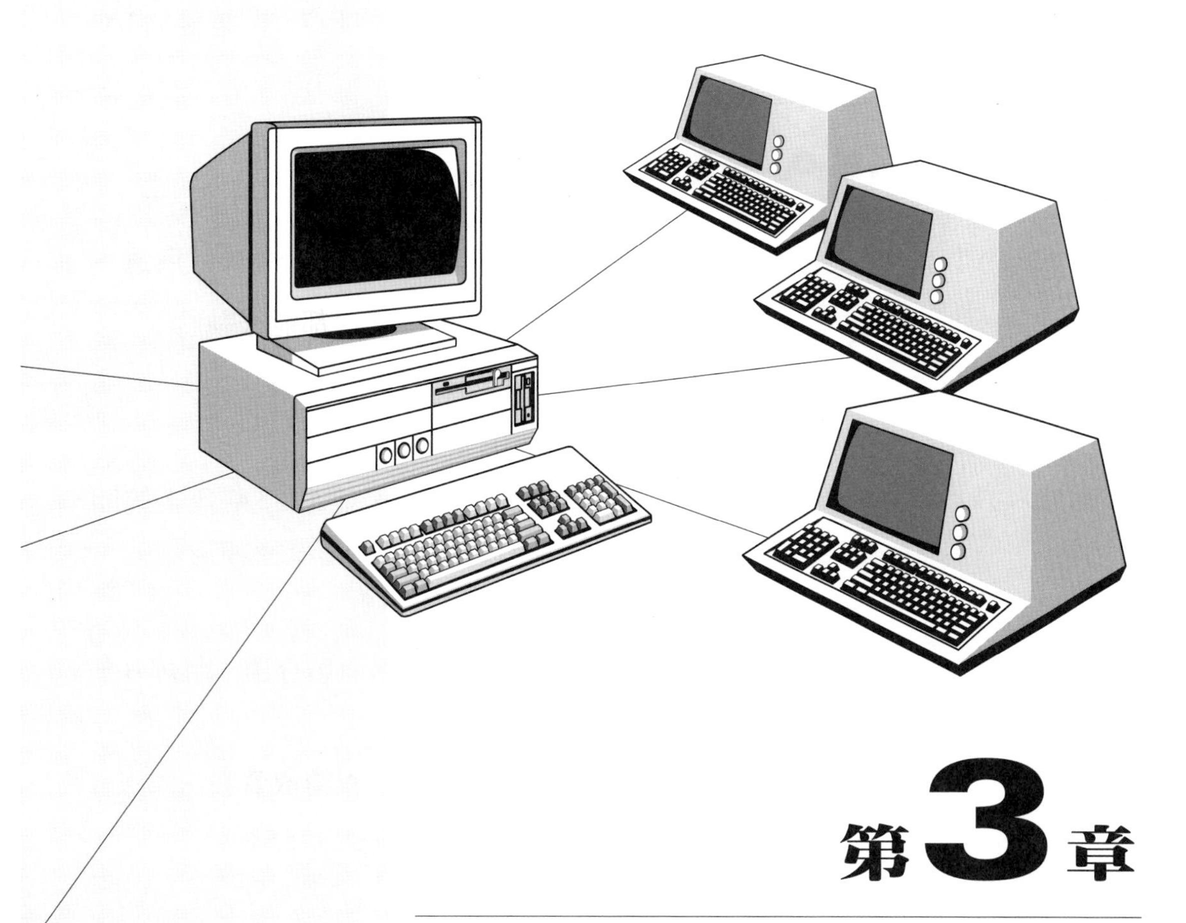

第3章

可規劃週邊界面 8255A

◇ 3-1　8255A 介紹

8255 是 Intel 公司出品的一種可規劃輸入輸出的電子元件，一般皆作微處理機系統與週邊裝置的界面，它具有 3 個 I/O 埠 (PORT)，即埠 A、埠 B、埠 C，每一埠均爲 8 位元，可規劃成基本 I/O、閃控 I/O、閃控雙向 I/O 三種模式。

◇ 3-2　8255A 接腳及功能

8255A 共有 40 支接腳，其接腳如圖 3-1 所示，而各腳的功能如下所述：

$PA_0 \sim PA_7$ ：埠 A 與週邊間的資料匯流排。

$PB_0 \sim PB_7$ ：埠 B 與週邊間的資料匯流排。

$PC_0 \sim PC_7$ ：埠 C 與週邊間的資料匯流排。

$D_0 \sim D_7$ ：8 位元三態輸入／輸出資料匯流排，爲 8255A 與系統間的資料匯流排。

$\overline{CS}$ ：當 $\overline{CS} = 0$ 時 8255A 被致能。

$RESET$ ：當 $RESET = 1$ 時，清除 8255A 內部所有暫存器，且埠 A、埠 B、埠 C 都被設定爲輸入模式。

$\overline{RD}$ ：當 $\overline{CS} = 0$ 且 $\overline{RD} = 0$ 時，系統從 8255A 讀取資料。

$\overline{WR}$ ：當 $\overline{CS} = 0$ 且 $\overline{WR} = 0$ 時，系統寫資料到 8255A。

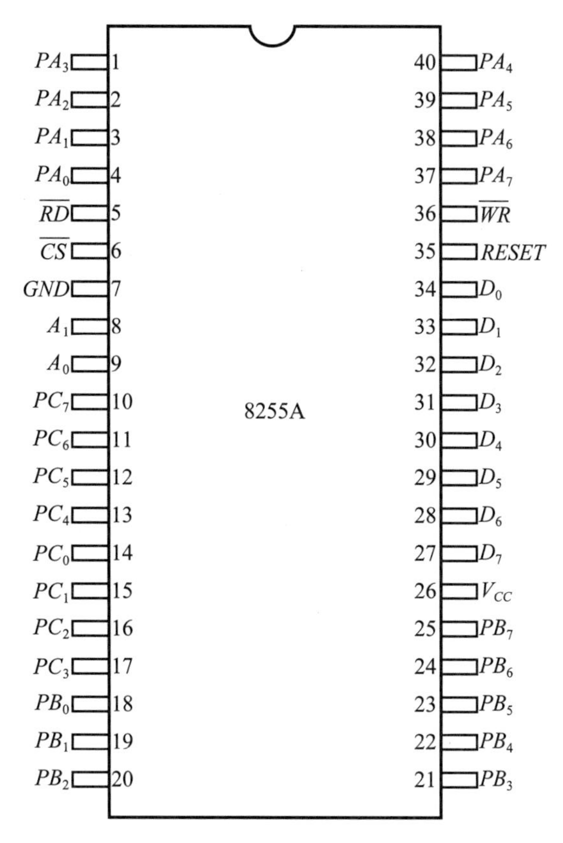

圖 3-1　8255 接腳圖(資料來源：Intel databook)

A_0，A_1　　：位址線，由系統送出。用以定義埠A、埠B、埠C，控制暫存器的位址。工作方式如下所示：

A_1	A_0	$\overline{RD}$	$\overline{WR}$	$\overline{CS}$	輸入操作(讀取)
0	0	0	1	0	埠 A→資料匯流排
0	1	0	1	0	埠 B→資料匯流排
1	0	0	1	0	埠 C→資料匯流排
					輸出操作(寫入)
0	0	1	0	0	資料匯流排→埠 A
0	1	1	0	0	資料匯流排→埠 B
1	0	1	0	0	資料匯流排→埠 C
1	1	1	0	0	資料匯流排→控制暫存器
					禁能
×	×	×	×	1	資料匯流排為高阻抗
×	×	1	1	0	資料匯流排為高阻抗

註：×表示 Don't care，其值為 0 或 1 均可

V_{CC} ：正電源 5V。

GND ：接地腳。

3-3 8255A 內部結構

8255A 主要由下列線路組成

1. 資料匯流排緩衝器(DATA BUS BUFFER)。
2. 讀／寫控制邏輯(READ/WRITE CONTROL LOGIC)
3. A 組控制邏輯(GROUP A CONTROL)
4. B 組控制邏輯(GROUP B CONTROL)
5. 埠 A、埠 B、埠 C。

如圖 3-2 所示。其中

A 組：由PA_0～PA_7和PC_4～PC_7組成。

B 組：由PB_0～PB_7和PC_0～PC_3組成。

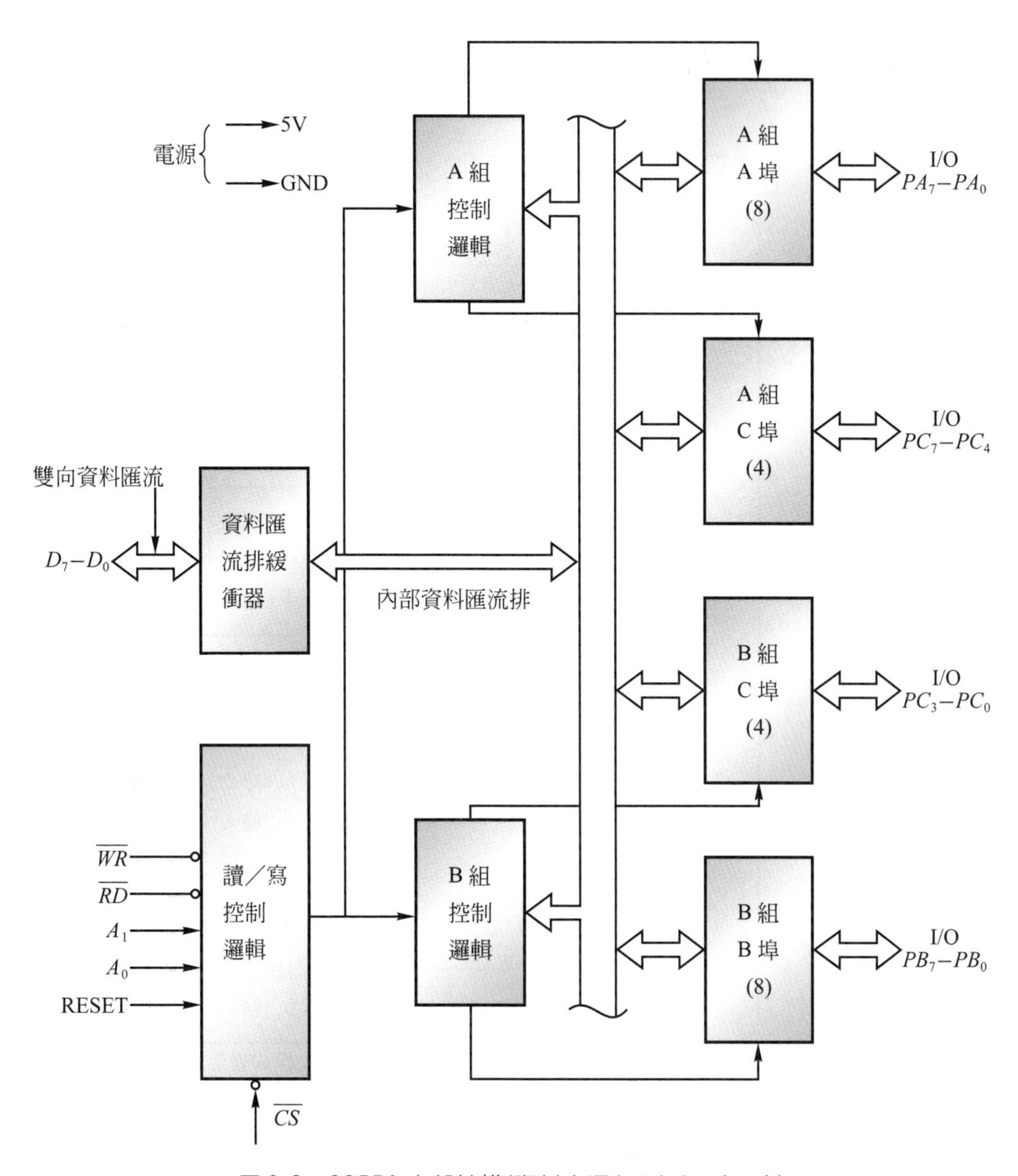

圖 3-2　8255A 內部結構(資料來源 Intel databook)

◇ 3-4 8255A 的操作模式

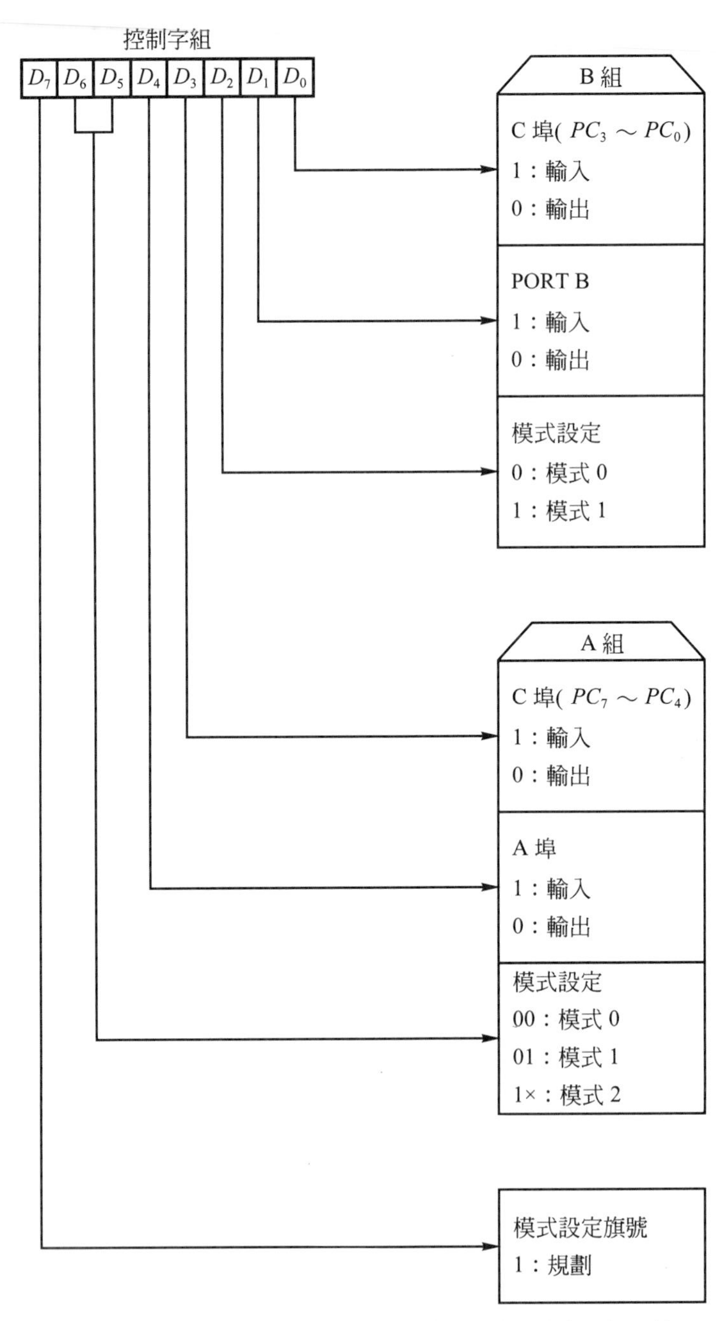

圖 3-3 控制字組的模式設定(資料來源：Intel databook)

8255A 是透過控制字組定義出不同的工作模式，如圖 3-3。其工作模式可分以下三種模式。

1. MODE 0：基本的輸入／輸出，適用於埠 A、埠 B、埠 C。
2. MODE 1：閃控式輸入／輸出，適用於埠 A、埠 B。
3. MODE 2：閃控式雙向匯流排，適用於埠 A。

3-5 C 埠單一位元的設定／清除

C 埠除了可以配合埠 A、埠 B 的交握式訊號使用外，它也可單一位元設定或清除。在位元設定／清除的命令格式中，D_7必須為 0，否則會和模式設定格式相混。圖 3-4 為其命令格式。

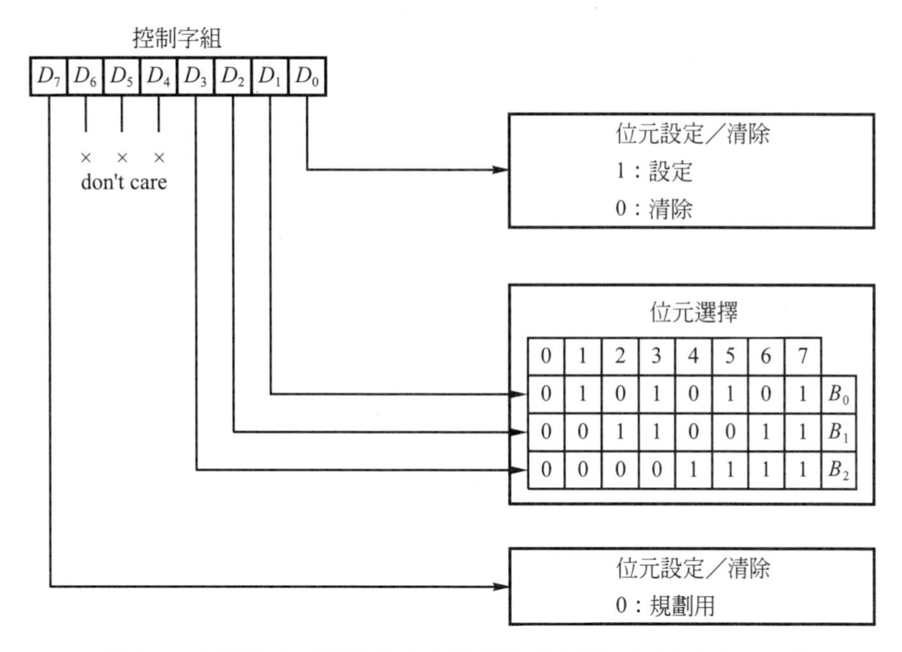

圖 3-4　位元設定／清除命令的格式(資料來源：Intel databook)

位元選擇：

D_7	D_6	D_5	D_4	D_3	D_2	D_1	D_0	
0	×	×	×	0	0	0	0	清除PC_0爲 0
0	×	×	×	0	0	0	1	設定PC_0爲 1
0	×	×	×	0	0	1	0	清除PC_1爲 0
0	×	×	×	0	0	1	1	設定PC_1爲 1
⋮	⋮	⋮	⋮	⋮	⋮	⋮	⋮	⋮
0	×	×	×	1	1	1	1	設定PC_7爲 1

有了此一功能，當 8255 工作於mode 1 或mode 2 時就可以單獨定義埠 C 任何一個位元。

◇ 3-6 8255A 工作模式詳細說明

以下分別說明三種工作模式的操作及時序。

❑ 3-6-1 模式 0

模式 0，爲基本的 I/O 模式，其特性如下：

1. 有 2 個 8 位元埠PA、PB。
2. 有 2 個 4 位元埠PC_7～PC_4、PC_3～PC_0。
3. 任何埠均可作爲輸入或輸出。
4. 輸出有鎖定功能，即當輸出一筆資料時，會保持到下一筆資料輸出爲止。
5. 輸入沒有鎖定功能，也就是不保存資料在埠上。
6. 16 種輸出入組合。

16 種不同組合如圖 3-5 所示。

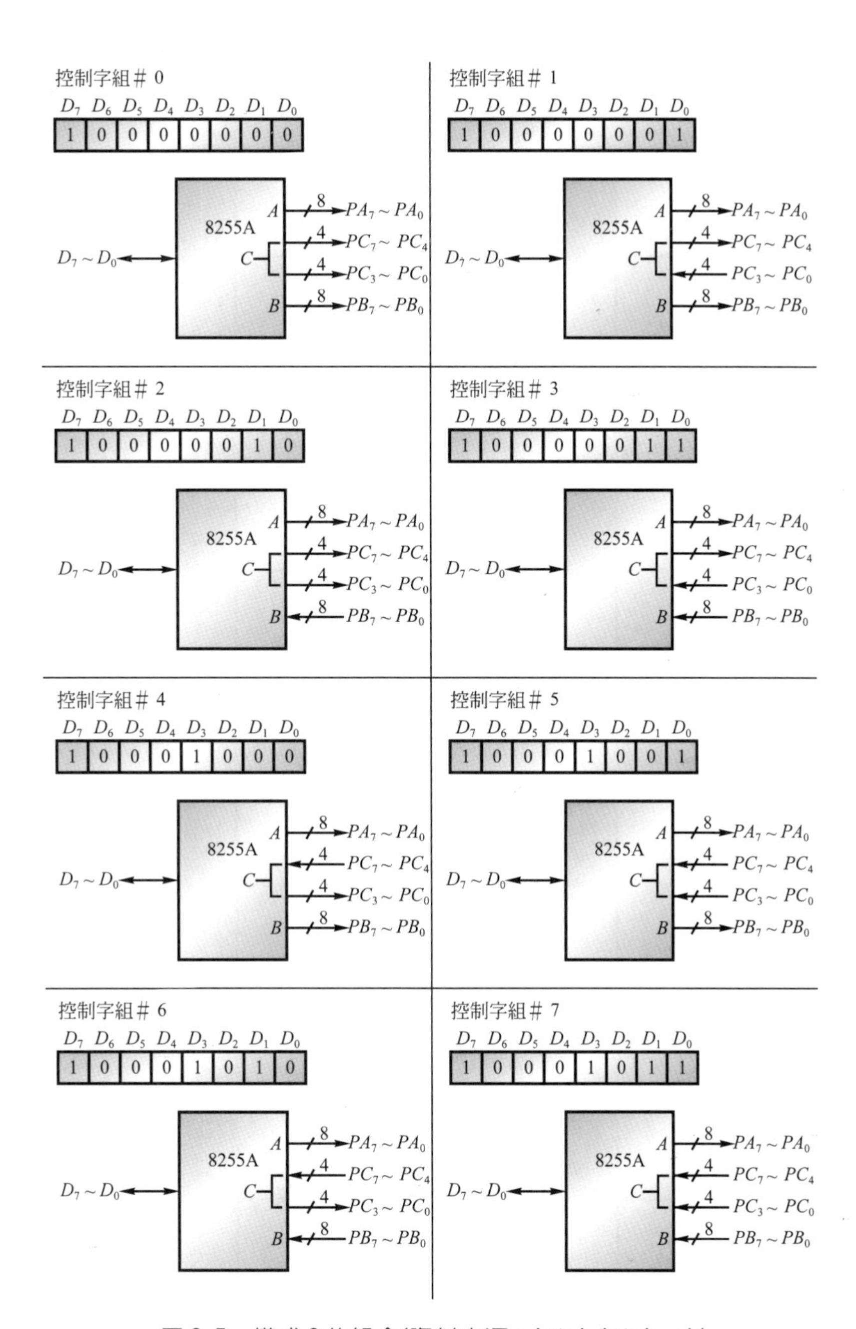

圖 3-5　模式 0 的組合(資料來源：Intel databook)

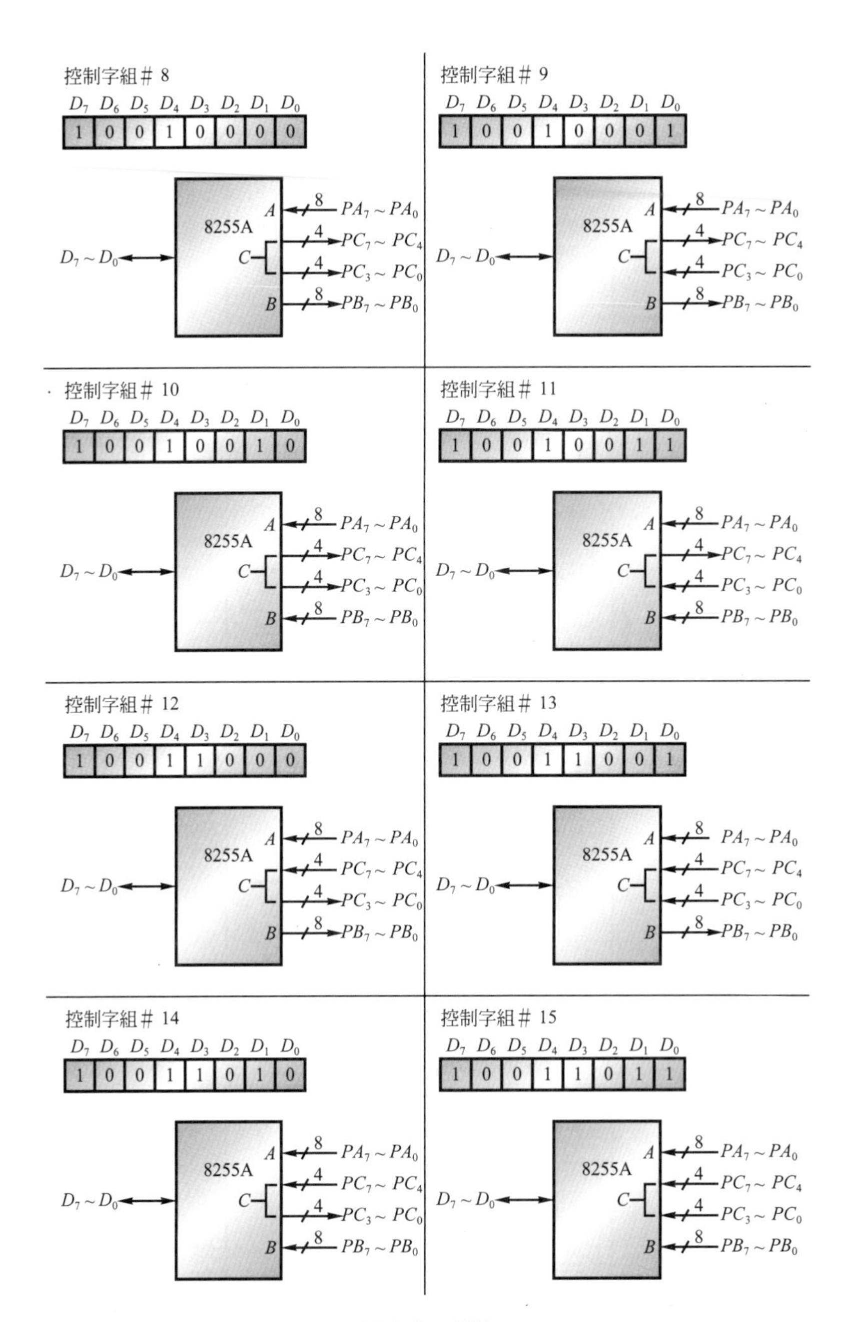

圖 3-5 (續)

基本輸出入的時序如圖 3-6、3-7，他們沒有交握式訊號，只是單純的輸出或輸入。

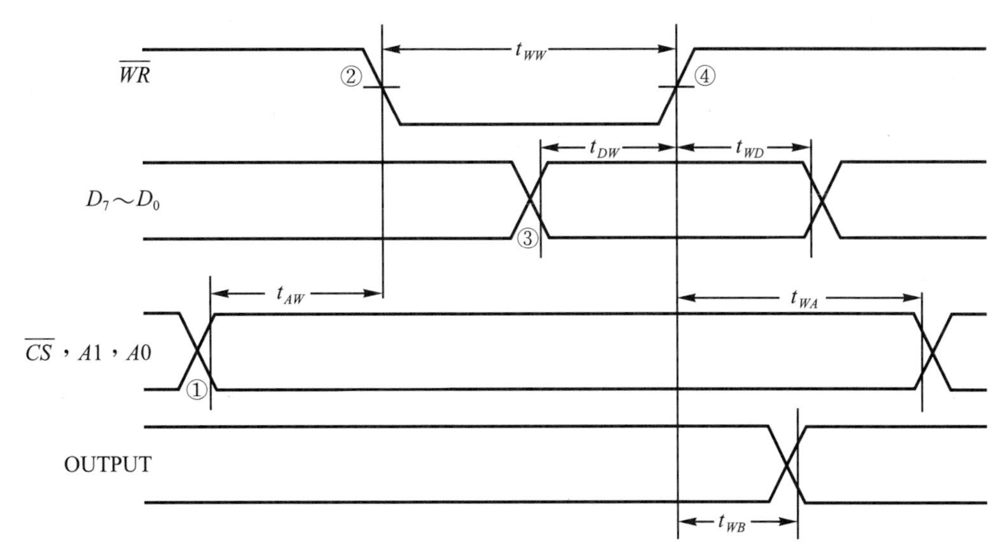

圖 3-6　模式 0 基本輸出時序圖

圖 3-6 時序說明：

① CPU 送出位址信號，經解碼後，啓動 8255A。

② CPU 送出寫入($\overline{WR}$)的信號。

③ CPU 送出輸出資料。

④ CPU 利用$\overline{WR}$(⎽⎽↑‾‾)信號，將資料寫入 8255A。

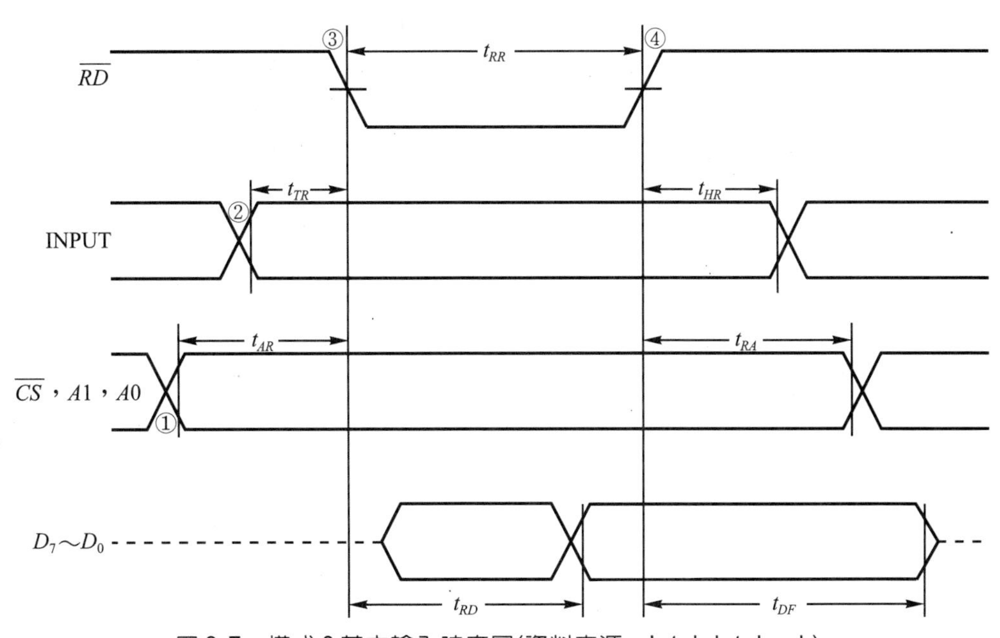

圖 3-7　模式 0 基本輸入時序圖(資料來源：Intel databook)

圖 3-7 時序說明：

① CPU 送出位址信號，啓動 8255A。

② 所要讀入的信號放到輸入埠上。

③ CPU 送出讀取信號($\overline{RD}$)。

④ CPU 利用$\overline{RD}$(↑)將輸入資料讀取。

❑ 3-6-2 模式 1

模式 1 爲交握式輸出／輸入，此模式下作資料傳送時，CPU 與週邊間有交握線相互聯絡，以確保資料傳送時不會遺落。

模式 1 的特性如下：

1. 分爲 2 組輸出／輸入埠，A 和 B。
2. 各組有 8 位元資料埠及 3 位元的交握線。

3-6-2-1 模式 1 輸入型態

模式 1 輸入的結構如圖 3-8。

A 組的規劃及說明如下：

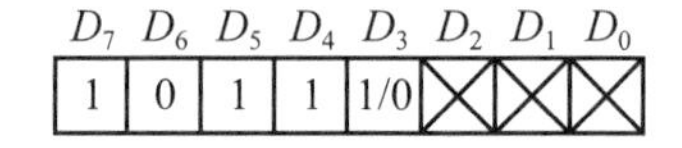

$D_7 = 1$：必須爲 1。

D_6，$D_5 = 01$：爲模式 1。

$D_4 = 1$：規劃PA爲輸入。

$D_3 = 0$：PC_6，PC_7爲輸出埠。

$D_3 = 1$：PC_6，PC_7爲輸入埠。

D_2，D_1，D_0：可爲 1 或爲 0。

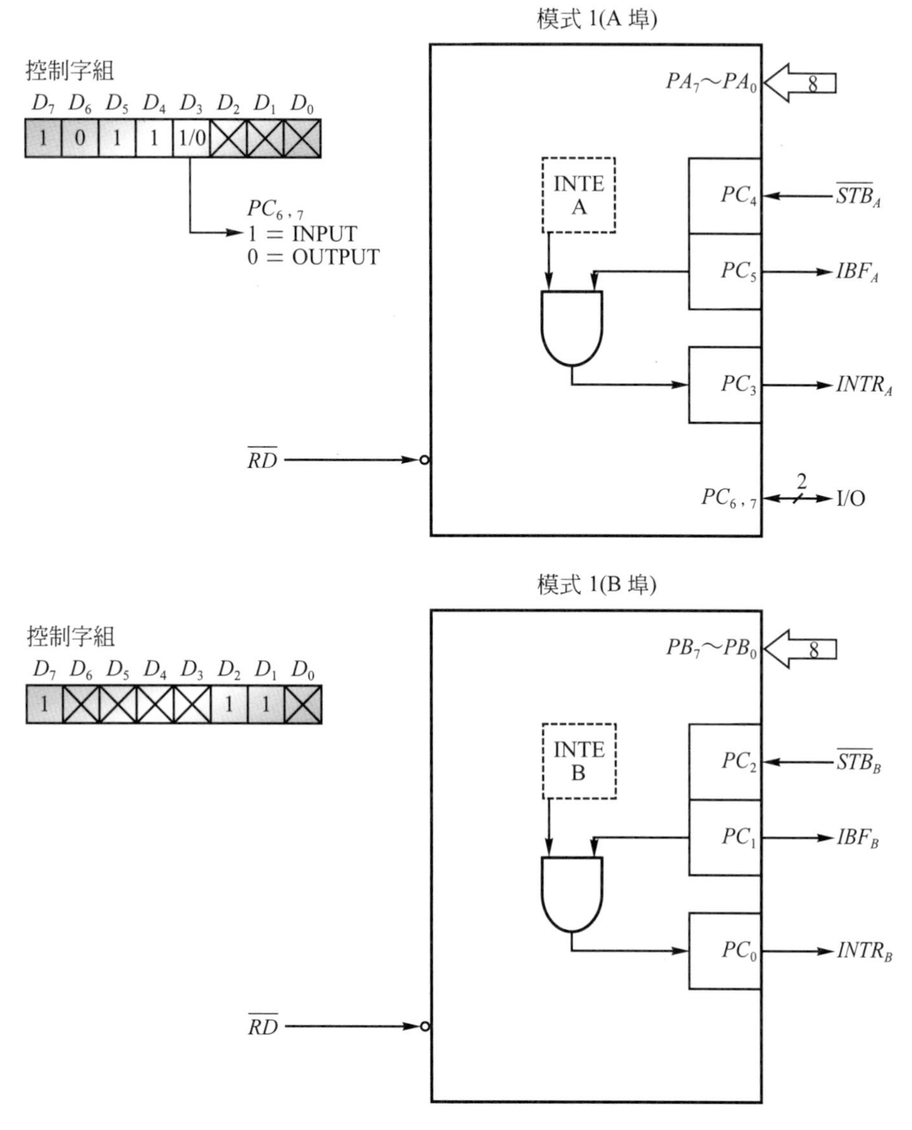

圖 3-8　模式 1 輸入的結構(資料來源：Intel databook)

A 組的交握線爲 PC_3 $(INTR_A)$、PC_4 $(\overline{STB_A})$、PC_5 (IBF_A)其所扮演的角色如下說明：

PC_4 $(\overline{STB_A})$：A 埠的閃控輸入 (strobe input)，當此信號變爲低電位時 (⌐↓_)，會將週邊的資料寫入 A 埠內。

PC_5 (IBF_A)：當此信號爲高電位時，表示輸入緩衝器已滿，通知週邊不要再送資料給8255A，否則資料會遺落，當CPU把資料讀取後，IBF_A會變爲低電位。

$PC_3\ (INTR_A)$：A埠的中斷請求，當$IBF_A = 1$，INTE A = 1時$INTR$會變爲高電位。如果此時與 PC 系統相連接，可以中斷微處理機，到8255A讀取資料。

圖3-8中的INTE A、INTE B是一個內部信號，分別由PC_4和PC_2控制。

B組的規劃和說明如下：

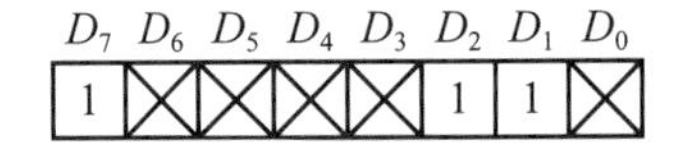

$D_7 = 1$：必須爲1。

D_6，D_5，D_4，D_3：爲A組部份。

$D_2 = 1$：B埠爲模式1。

$D_1 = 1$：設定B埠爲輸入。

D_0：不使用。

$PC_2(\overline{STB_B})$，$PC_1(IBF_B)$，$PC_0(INTR_B)$與A組的$PC_4(\overline{STB_A})$，$PC_5(IBF_A)$，$PC_3\ (INTR_A)$的功能相同。

模式1輸入的時序，如圖3-9所示。

時序說明：

① 週邊將資料送到8255A的輸入埠上。

② 週邊送$\overline{STB}$訊號，將資料鎖入8255A內。

③ 8255A收到資料後，使$IBF = 1$，告訴週邊資料已滿勿再送資料。

④ 8255A利用$INTR$通知微處理機，將資料讀走。

⑤ 微處理機送出$\overline{RD}$，將資料讀走。

⑥ 資料被取走了，使$INTR = 0$。

⑦ $\overline{RD}$恢復爲1。

⑧ 資料已經被取走了，使$IBF = 0$通知週邊繼續送下一筆資料。

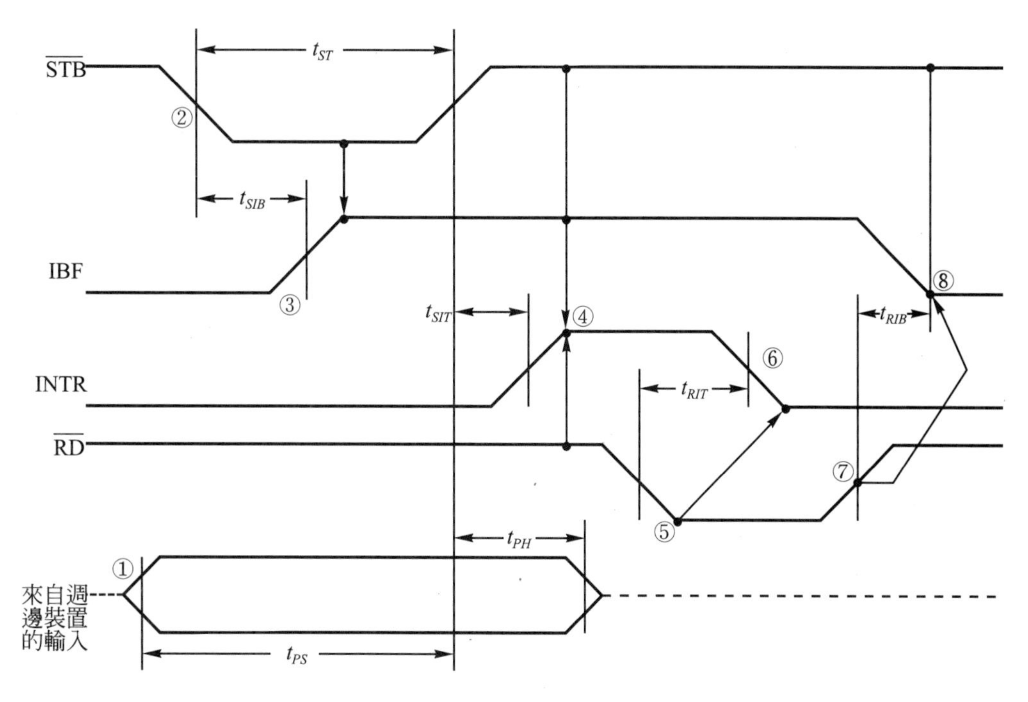

圖 3-9　模式 1 輸入的時序圖(資料來源：Intel datebook)

3-6-2-2　模式 1 輸出型態

模式 1 輸出的結構如圖 3-10。

A 組的規劃及說明如下：

D_7	D_6	D_5	D_4	D_3	D_2	D_1	D_0
1	0	1	0	1/0	X	X	X

$D_7 = 1$：必須爲 1。

D_6，$D_5 = 0$，1：A 埠爲 mode 1。

$D_4 = 0$：A 埠爲輸出型態。

$D_3 = 0$：PC_4，PC_5爲輸出埠。

$D_3 = 1$：PC_4，PC_5爲輸入埠。

D_2，D_1，D_0：爲 B 埠規劃控制部份。

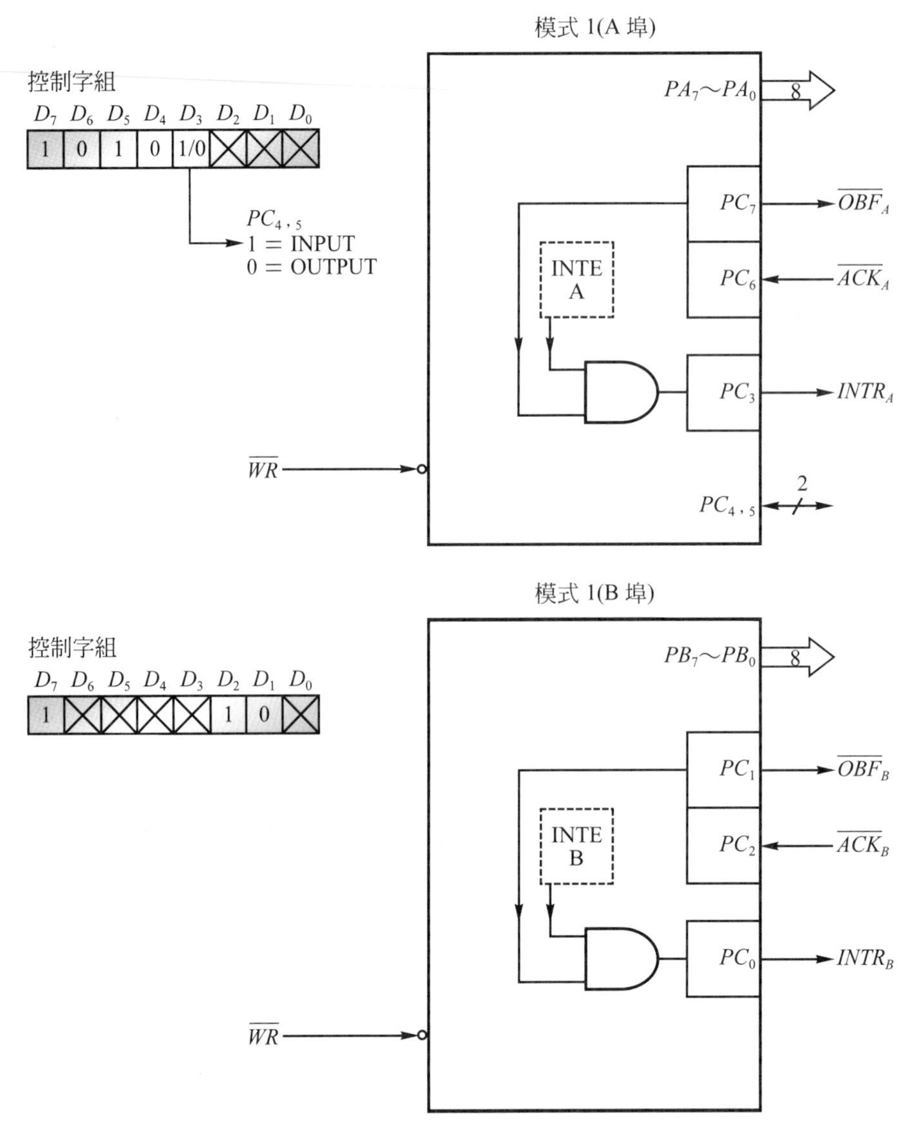

圖 3-10　模式 1 輸出結構圖(資料來源：Intel databook)

A 組的交握線爲PC_3 $(INTR)$，PC_6 $(\overline{ACK})$，PC_7 $(\overline{OBF})$其用途如下：

PC_7 $(\overline{OBF_A})$：爲低電位時，表示CPU已經把資料傳給 8255A通知週邊來拿走。

PC_6 $(\overline{ACK_A})$：週邊把資料拿走後，給予 8255A一負脈波的確認信號。

PC_3 $(INTR_A)$：中斷請求信號，由 8255A傳給微處理機，表示週邊已經把資料拿走了，微處理機可繼續送資料給 8255A。

B 組的規劃及說明如下：

D_7	D_6	D_5	D_4	D_3	D_2	D_1	D_0
1	╳	╳	╳	╳	1	0	╳

$D_7 = 1$：必須爲 1。

D_6，D_5，D_4，D_3：爲 A 組規劃控制。

$D_2 = 1$：B 埠爲 mode 1。

$D_1 = 0$：B 埠爲輸出。

D_0：沒有使用。

PC_0 ($INTR_B$)，PC_1 ($\overline{OBF_B}$)，PC_2 ($\overline{ACK_B}$)與 A 組的PC_3 ($INTR_A$)，PC_7 ($\overline{OBF_A}$)，PC_6 ($\overline{ACK_A}$)的功能相同。

圖 3-11 爲輸出的時序圖。

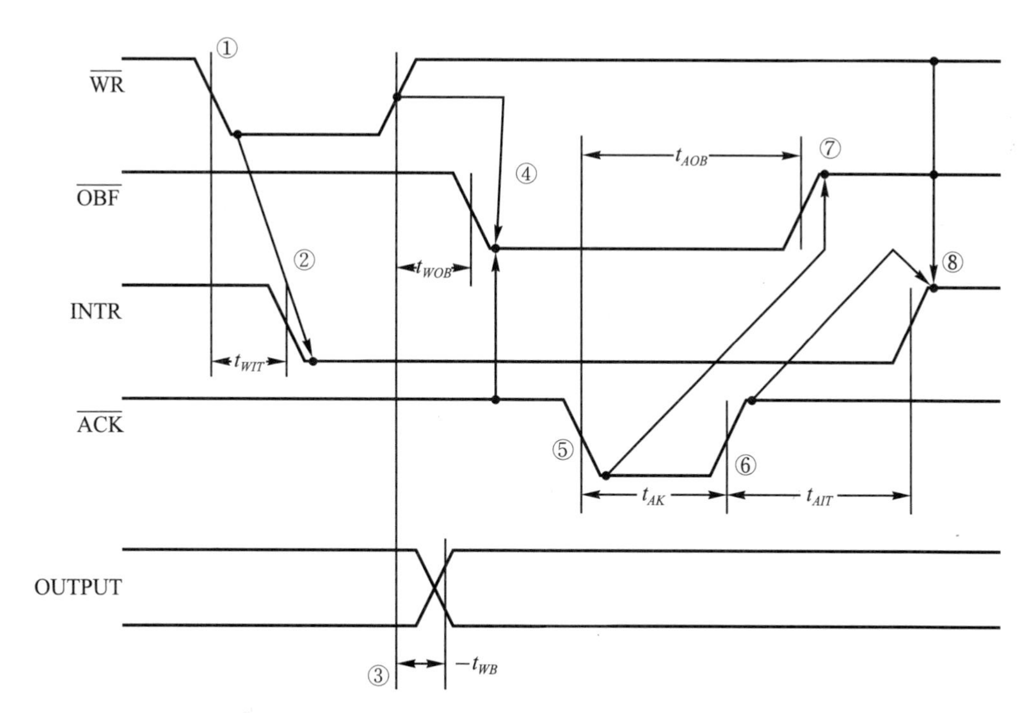

圖 3-11　模式 1 輸出時序圖(資料來源：Intel databook)

① CPU 利用$\overline{WR}$信號將資料寫入 8255A 中。

② 8255A將$INTR$降為低電位，取消中斷請求。

③ $\overline{WR}$信號結束。

④ 8255A 利用$\overline{OBF}=0$通知週邊，資料準備好了，週邊隨時可以拿走。

⑤ 週邊從8255A拿取資料後，給予8255A的確認信號。

⑥ $\overline{ACK}$信號結束。

⑦ 由⑤產生，表示資料緩衝器已經沒有資料了。

⑧ 由⑥產生，告訴微處機可以再寫資料進來。

8255A於模式1操作時，因A埠和B埠是獨立，所以A、B埠可以同時或分別規劃為輸入或輸出型。圖3-12所示。

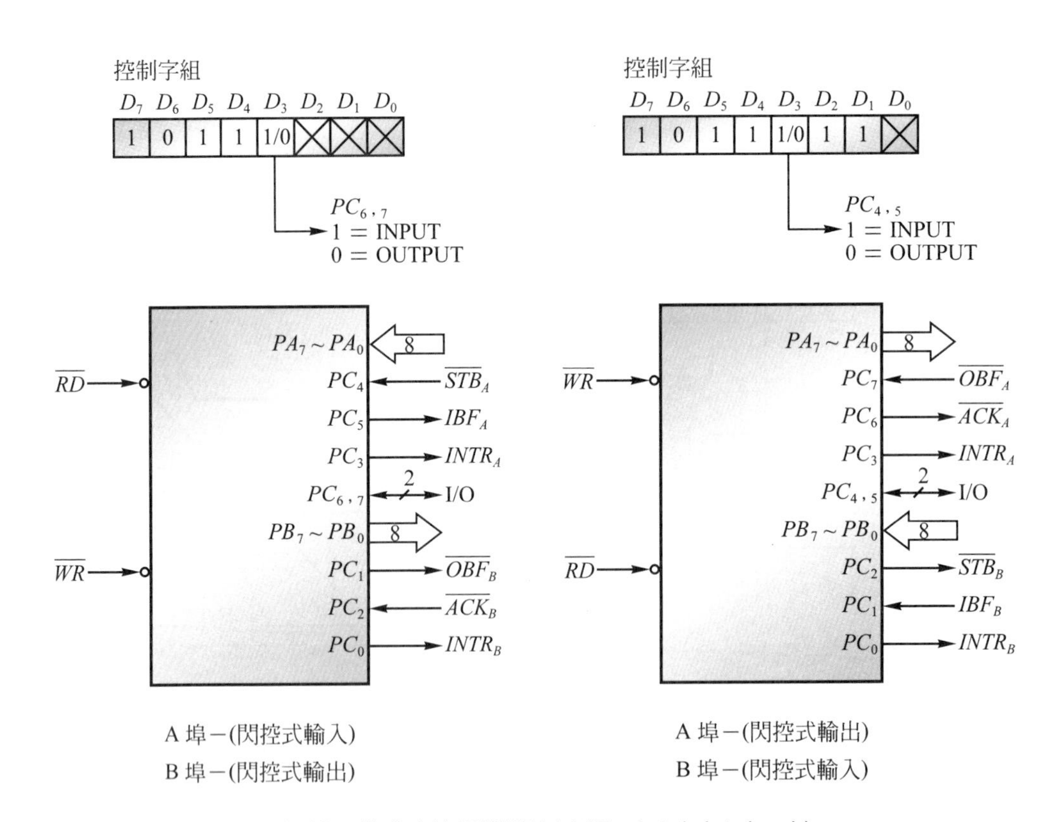

圖3-12 模式1的組態(資料來源：Intel databook)

❑ 3-6-3 模式 2

模式 2 是雙向閃控式 I/O 匯流排，其特性有下面幾點：

1. 只有 A 埠可以雙向傳輸資料。
2. PC_3、PC_4、PC_5、PC_6、PC_7為其交握控制線。
3. 輸入及輸出均有緩衝器，可防止資料消失。
4. A 埠為模式 2 時，B 埠可定為模式 0 或 1。

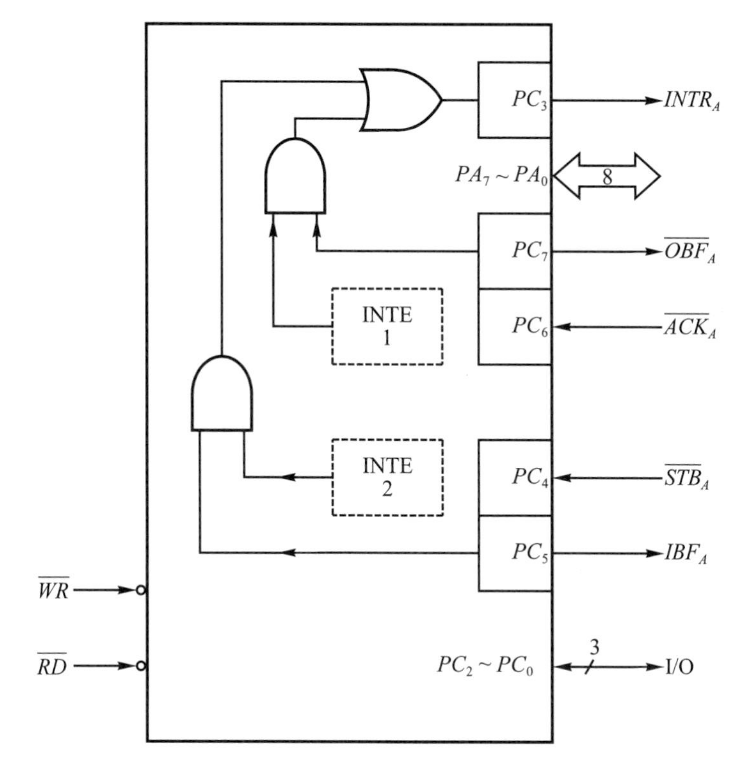

圖 3-13　模式 2 的結構(資料來源：Intel databook)

以下為圖 3-13 各信號的說明：

PA	：雙向傳送的資料匯流排。
PC_3 ($INTR_A$)	：中斷請求。當高電位時，用以中斷微處理機。
PC_7 ($\overline{OBF_A}$)	：當CPU傳資料給 8255A後，使$\overline{OBF_A}=0$，通知週邊有資料要給週邊。

$PC_6\ (\overline{ACK_A})$　：確認信號。當週邊發出確認信號通知 8255A 後，8255A 的 A 埠將由高阻抗轉為輸出埠，將資料輸出給週邊。

$PC_4\ (\overline{STB_A})$　：閃控輸入。由週邊產生，用以將週邊的資料送進 A 埠內。

$PC_5\ (IBF_A)$　：當週邊把資料送進 8255A 後，8255A 會使 $IBF=1$，表示輸入緩衝器已滿，週邊不要再把資料送進來。

$INTE1$，$INTE2$　：為 8255A 內部信號，分別由 PC_6、PC_4 控制。

模式 2 的控制字組的設定：

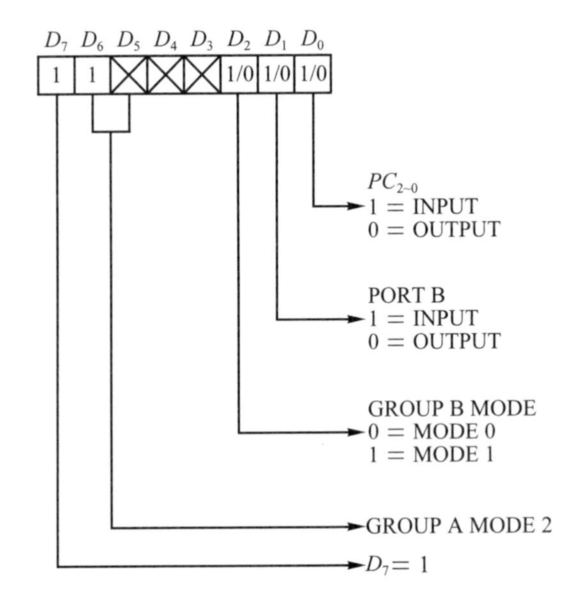

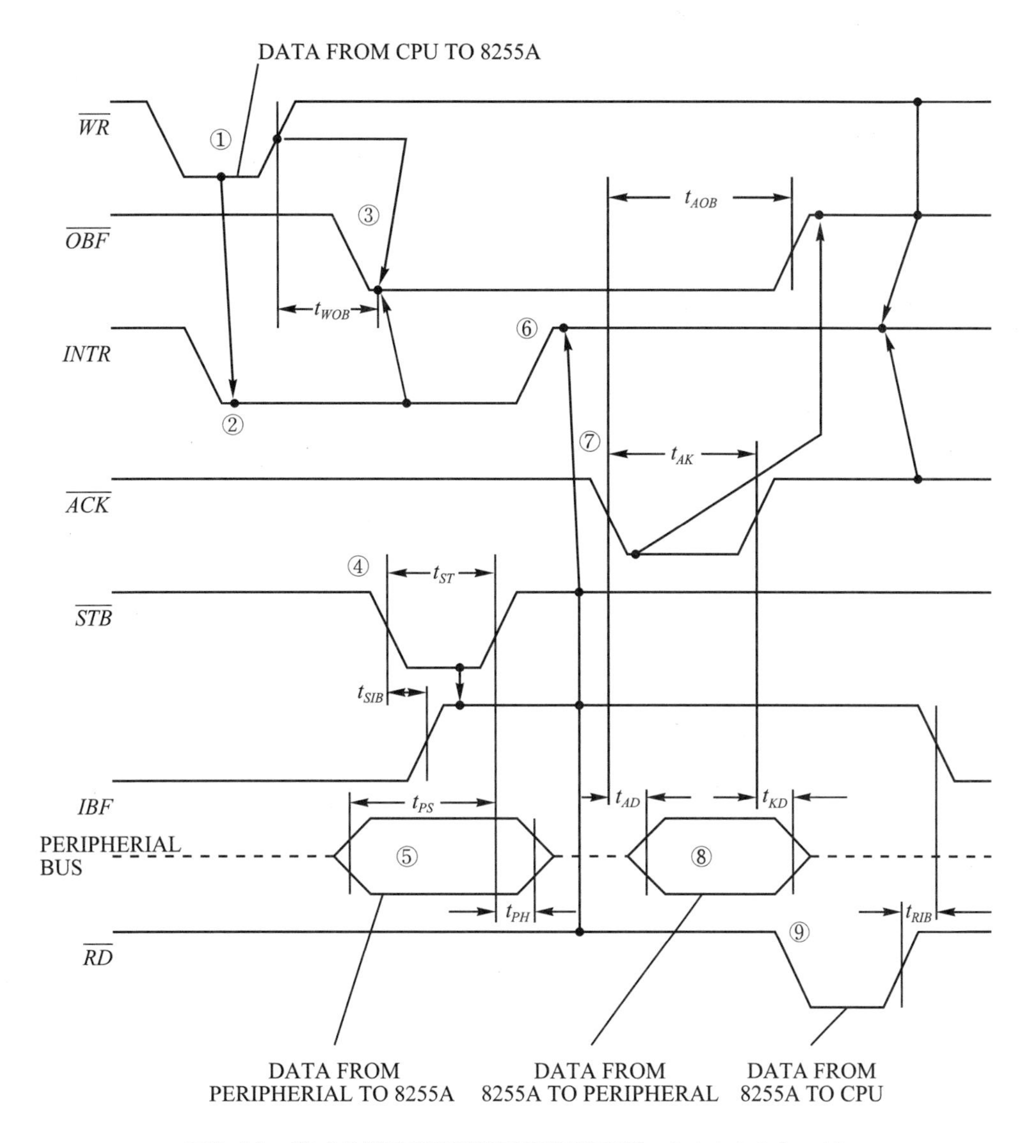

圖 3-14　模式 2 雙向傳輸時序圖(資料來源：Intel databook)

圖 3-14 說明如下：

① CPU 利用$\overline{WR}$將資料寫入 A 埠的輸出緩衝器。

② 中斷請求信被重置。

③ $\overline{DBF}$變爲低電位，表示輸出緩衝器已滿。

④ 週邊利用$\overline{STB}$信號，將資料送入 8255A 的輸入緩衝器內。

⑤ 由週邊送給 8255A 的資料。

⑥ $INTR = INTE2 \cdot IBF \cdot \overline{STB} + INTE1 \cdot \overline{DBF} \cdot \overline{ACK}$

下面情況會使$INTR = 1$：

❶ 當於輸入操作時中斷致能 ($INTE2 = 1$)，$IBF = 1$ 且$\overline{STB} =$ _↑‾ 時發出中斷要求 ($INTR = 1$)，要求CPU讀取資料。

❷ 當於輸出操作時中斷致能 ($INTE = 1$)，$\overline{OBF} = 0$ 且$\overline{ACK} =$ _↑‾ 時發生中斷要求 ($INTR = 1$)，要求CPU寫入下一筆資料。

下面情況會使$INTR = 0$：

❶ 當於輸入操作時，CPU發出讀取信號之後，清除中斷要求。

❷ 當於輸出操作時，CPU發出寫入信號後，清除中斷要求。

⑦ 週邊通知8255A，將資料送到匯流排上。

⑧ 資料從8255A的輸出緩衝器送到匯流上。

⑨ CPU利用$\overline{RD}$讀取8255A輸入緩衝器上的資料。

❑ 3-6-4 混合模式

前面介紹8255A的三種工作模式，它們可混合使用，以增加CPU和週邊間介面的功能。圖3-15爲各種模式的混合型態。

◇ 3-7 並列埠8255A／8254控制卡的製作

製作並列埠8255A／8254控制卡時，必須考慮I/O位址的定址及資料處理的問題。

因並列埠已被定址於378H、379H、37AH等三個位址，此三位址各有其功能。表3-1所示，爲並列埠各暫存器及其位元的功能。位址378H(Base Address)爲資料暫存器 (Data Registes)，簡稱爲資料埠。379H(Base Address ＋ 1)爲狀態暫存器 (status Register)，簡稱狀態埠。37AH(Base Address ＋ 2)爲並列埠的控制暫存器 (Control Register)，簡稱控制埠，其中資料埠爲雙向的，它由控制埠的bit 5所控制。當控制埠的bit 5 = 1時，資料埠爲輸入模式，bit 5 = 0時資料埠爲輸出模式。

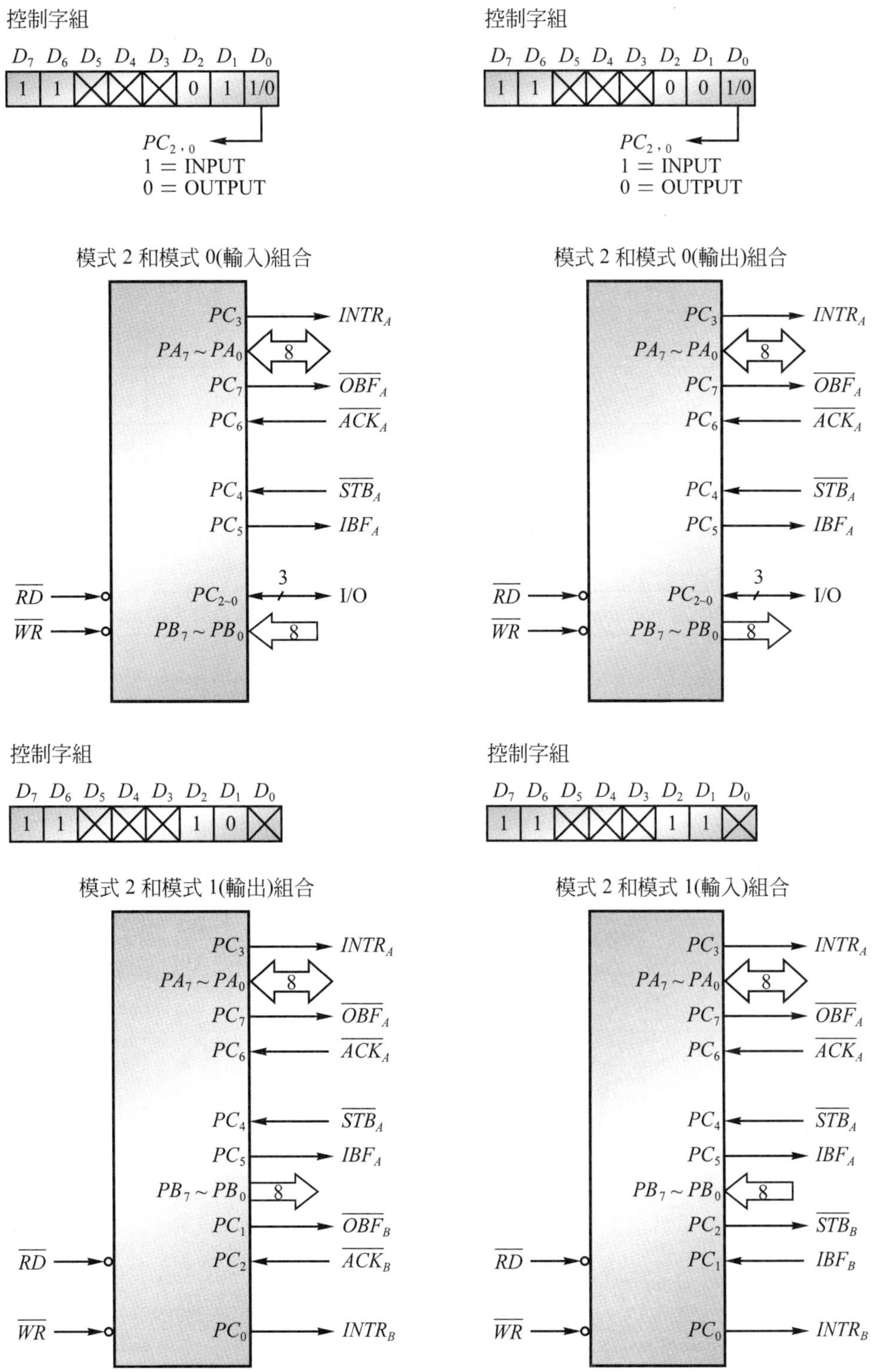

控制字組

D_7 D_6 D_5 D_4 D_3 D_2 D_1 D_0

1	1	X	X	X	0	1	1/0

$PC_{2,0}$
1 = INPUT
0 = OUTPUT

模式 2 和模式 0(輸入)組合

PC_3 → $INTR_A$; $PA_7 \sim PA_0$ ⇔ 8; PC_7 → $\overline{OBF_A}$; PC_6 ← $\overline{ACK_A}$; PC_4 ← $\overline{STB_A}$; PC_5 → IBF_A; $PC_{2\sim0}$ ↔ 3 I/O; $PB_7 \sim PB_0$ ⇐ 8; $\overline{RD}$; $\overline{WR}$

控制字組

D_7 D_6 D_5 D_4 D_3 D_2 D_1 D_0

1	1	X	X	X	0	0	1/0

$PC_{2,0}$
1 = INPUT
0 = OUTPUT

模式 2 和模式 0(輸出)組合

PC_3 → $INTR_A$; $PA_7 \sim PA_0$ ⇔ 8; PC_7 → $\overline{OBF_A}$; PC_6 ← $\overline{ACK_A}$; PC_4 ← $\overline{STB_A}$; PC_5 → IBF_A; $PC_{2\sim0}$ ↔ 3 I/O; $PB_7 \sim PB_0$ ⇒ 8; $\overline{RD}$; $\overline{WR}$

控制字組

D_7 D_6 D_5 D_4 D_3 D_2 D_1 D_0

1	1	X	X	X	1	0	X

模式 2 和模式 1(輸出)組合

PC_3 → $INTR_A$; $PA_7 \sim PA_0$ ⇔ 8; PC_7 → $\overline{OBF_A}$; PC_6 ← $\overline{ACK_A}$; PC_4 ← $\overline{STB_A}$; PC_5 → IBF_A; $PB_7 \sim PB_0$ ⇒ 8; PC_1 → $\overline{OBF_B}$; PC_2 ← $\overline{ACK_B}$; PC_0 → $INTR_B$; $\overline{RD}$; $\overline{WR}$

控制字組

D_7 D_6 D_5 D_4 D_3 D_2 D_1 D_0

1	1	X	X	X	1	1	X

模式 2 和模式 1(輸入)組合

PC_3 → $INTR_A$; $PA_7 \sim PA_0$ ⇔ 8; PC_7 → $\overline{OBF_A}$; PC_6 ← $\overline{ACK_A}$; PC_4 ← $\overline{STB_A}$; PC_5 → IBF_A; $PB_7 \sim PB_0$ ⇐ 8; PC_2 → $\overline{STB_B}$; PC_1 ← IBF_B; PC_0 → $INTR_B$; $\overline{RD}$; $\overline{WR}$

圖 3-15　各種模式混合使用(資料來源：Intel databook)

表 3-1　並列埠各暫存器及其各位元功能、接腳(資料來源：並列埠資料手冊)

Data Register(Base Address)					
Bit	Pin：D-sub	Singnal Name	Source	Inverted at connector？	Pin：Centronics
0	2	Data bit 0	PC	no	2
1	3	Data bit 1	PC	no	3
2	4	Data bit 2	PC	no	4
3	5	Data bit 3	PC	no	5
4	6	Data bit 4	PC	no	6
5	7	Data bit 5	PC	no	7
6	8	Data bit 6	PC	no	8
7	9	Data bit 7	PC	no	9
Some Data ports are bidirectional.(See Control register, bit 5 below.)					
Status Register(Base Address ＋ 1)					
Bit	Pin：D-sub	Singnal Name	Source	Inverted at connector？	Pin：Centronics
3	15	nError(nFault)	Peripheral	no	32
4	13	Select	Peripheral	no	13
5	12	PaperEnd	Peripheral	no	12
6	10	nAck	Peripheral	no	10
7	11	Busy	Peripheral	yes	11
Additional bits not available at the connector： O：may indicate timeout(1 = timeout). 1，2：unused.					

表 3-1 (續)

Control Register(Base Address ＋ 2)					
Bit	Pin：D-sub	Singnal Name	Source	Inverted at connector？	Pin：Centronics
0	1	nStrobe	PC[1]	yes	1
1	14	nAutoLF	PC[1]	yes	14
2	16	nInit	PC[1]	no	31
3	17	nSelectIn	PC[1]	yes	36

[1]When high, PC can read external input (SPP only).
Additional bits not available at the connector：
4：Interrupt enable. 1 ＝ IRQs pass from *nACK* to system's interrupt controller. 0 ＝ IRQs do not pass to interrupt controller.
5：Direction control for bidirectional Data ports. 0 ＝ outputs enabled. 1 ＝ outputs disabled; Data port can read external logic voltages.
6, 7：unused

如此我們要利用並列埠製作控制卡時，就必須自己設計位址匯流排(Address Bus)，資料匯流排 (Data Bus)，控制匯流排 (Control Bus)。其中我們利用並列埠的資料埠作爲我們傳送位址、資料的路徑，並列埠的控制埠作爲我們電路的控制匯流排 (如$\overline{C_0}$、$\overline{C_1}$、$\overline{C_3}$各經一個反相器作爲控制卡的$\overline{WR}$、$\overline{RD}$、ALE等三條控制線)。更爲了能安心作實驗，我們在控制卡上加了保護電路。電路圖如圖 3-16、3-17、3-18 所示。保護電路如圖 3-16 上端所示，加在並列埠與實驗電路之間以保護PC之並列埠，1 端爲接至PC的並列埠，2 端爲接至控制卡，其原理分析如下：

1. 當 2 端接超過 5.7V 時，電流由R_2經D_1方向流，此時 A 點的電壓約等於 5.7V，並列埠就不會灌入較高的電壓而燒毀並列埠，而達到保護PC 的作用。

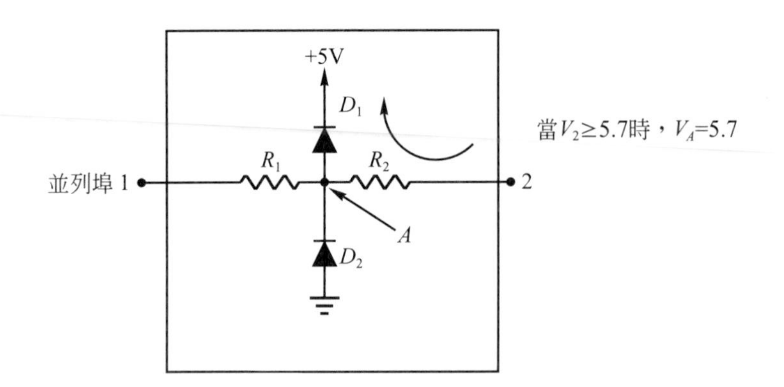

2. 當 2 端接比 − 0.7V 還低時，電流由D_2經R_2流向V_2，此時 A 點的電壓約等於 − 0.7V，並列埠不會因負電壓而燒毀，而達到保護的作用。

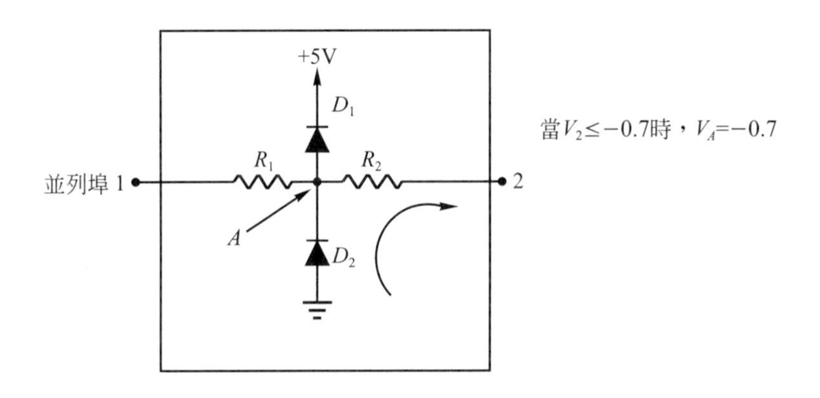

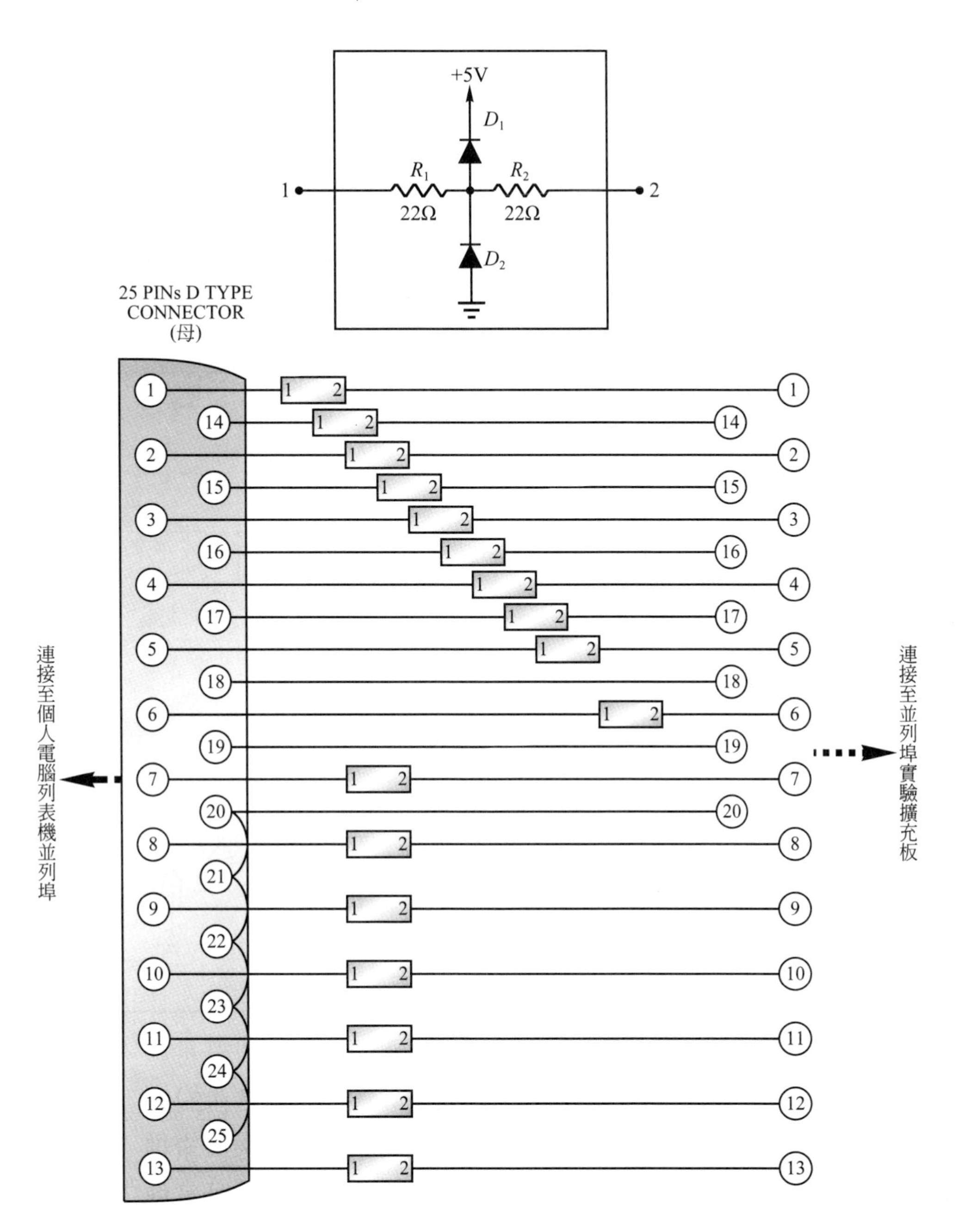

圖 3-16 印表機並列埠保護器電路圖

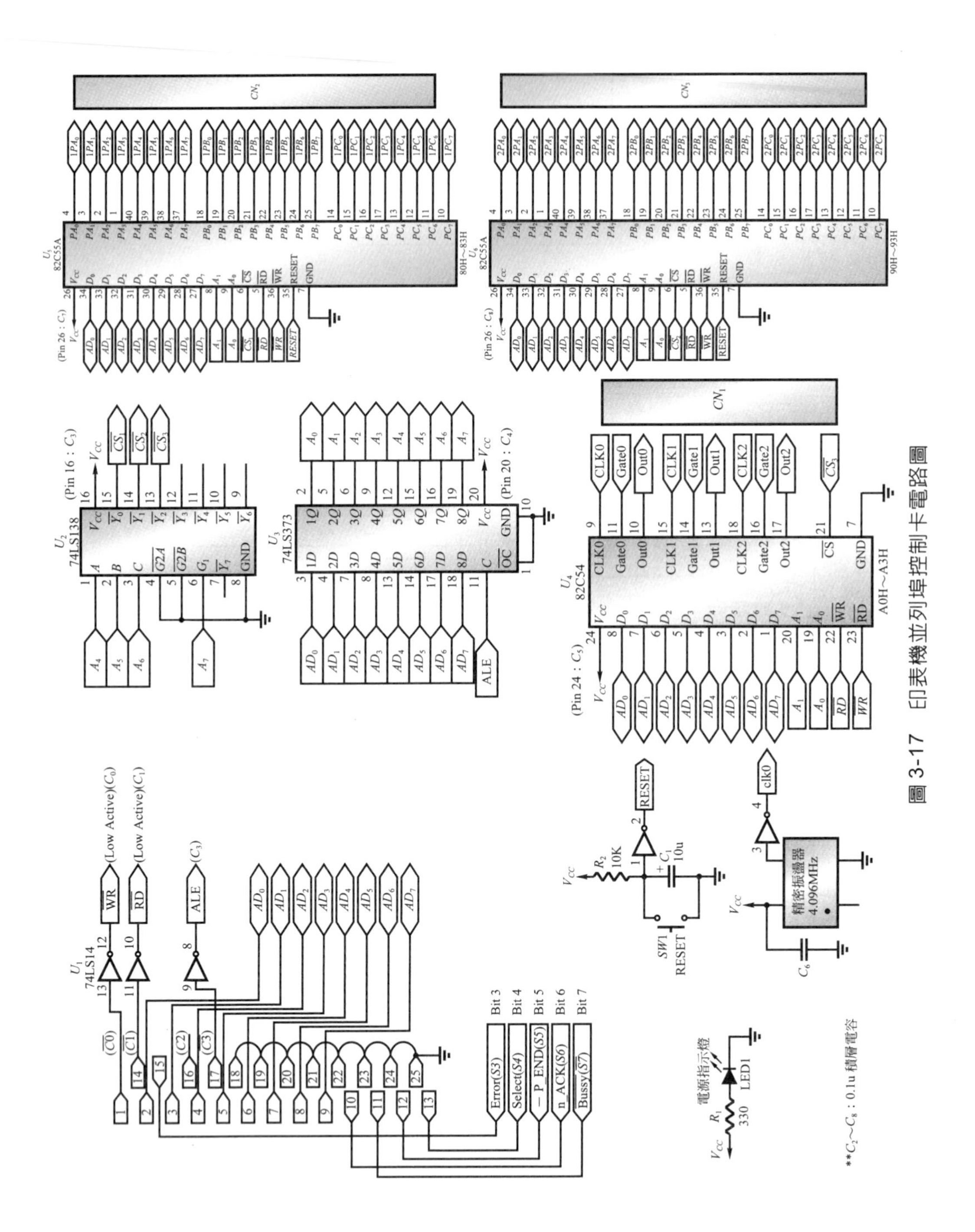

圖 3-17　印表機並列埠控制卡電路圖

1	2	3	4	5	6	7	8	9	10	11	12	13	14	15	16	17	18	19	20
D_0	D_1	D_2	D_3	D_4	D_5	D_6	D_7		Gate0	Outo0	Gate1	CLK1	Out1		-12V	+12V	-5V	+5V	GND
S_3	S_4	S_5	S_6	$\overline{S_7}$	$\overline{C_0}$	$\overline{C_1}$	C_2	$\overline{C_3}$	Gate2	CLK2	Out2				-12V	+12V	-5V	+5V	GND

CN1

1	2	3	4	5	6	7	8	9	10	11	12	13	14	15	16	17	18	19	20
$1PA_0$	$1PA_1$	$1PA_2$	$1PA_3$	$1PA_4$	$1PA_5$	$1PA_6$	$1PA_7$	$1PC_4$	$1PC_5$	$1PC_6$	$1PC_7$				-12V	+12V	-5V	+5V	GND
$1PB_0$	$1PB_1$	$1PB_2$	$1PB_3$	$1PB_4$	$1PB_5$	$1PB_6$	$1PB_7$	$1PC_0$	$1PC_1$	$1PC_2$	$1PC_3$				-12V	+12V	-5V	+5V	GND

CN2

1	2	3	4	5	6	7	8	9	10	11	12	13	14	15	16	17	18	19	20
$2PA_0$	$2PA_1$	$2PA_2$	$2PA_3$	$2PA_4$	$2PA_5$	$2PA_6$	$2PA_7$	$2PC_4$	$2PC_5$	$2PC_6$	$2PC_7$				-12V	+12V	-5V	+5V	GND
$2PB_0$	$2PB_1$	$2PB_2$	$2PB_3$	$2PB_4$	$2PB_5$	$2PB_6$	$2PB_7$	$2PC_0$	$2PC_1$	$2PC_2$	$2PC_3$				-12V	+12V	-5V	+5V	GND

CN3

圖 3-18　印表機並列埠控制板擴充接頭接腳定義表

圖 3-17 爲控制板的電路圖，有兩顆 8255A(u5，u6)，分別定址於 80H～83H 和 90H～93H，一顆 8254(u4)定址於 A0H～A3H，其位址配置圖分別如下：

第一顆 8255A(u5)

	位址線								I/O 位址
	A_7	A_6	A_5	A_4	A_3	A_2	A_1	A_0	
埠 A 位址：	1	0	0	0	×	×	0	0	80H
埠 B 位址：	1	0	0	0	×	×	0	1	81H
埠 C 位址：	1	0	0	0	×	×	1	0	82H
控制暫存器：	1	0	0	0	×	×	1	1	83H

第二顆 8255(u6)

	位址線								I/O 位址
	A_7	A_6	A_5	A_4	A_3	A_2	A_1	A_0	
埠 A 位址：	1	0	0	1	×	×	0	0	90H
埠 B 位址：	1	0	0	1	×	×	0	1	91H
埠 C 位址：	1	0	0	1	×	×	1	0	92H
控制暫存器：	1	0	0	1	×	×	1	1	93H

8254(u4)

	位址線								I/O 位址
	A_7	A_6	A_5	A_4	A_3	A_2	A_1	A_0	
計數器 0：	1	0	1	0	×	×	0	0	A0H
計數器 1：	1	0	1	0	×	×	0	1	A1H
計數器 2：	1	0	1	0	×	×	1	0	A2H
控制暫存器：	1	0	1	0	×	×	1	1	A3H

前面提到並列埠只有 3 個位址且各有其功能和作用，所以我們在設計控制卡時就必須自行建構位址匯流排及資料匯流排，控制匯流排。其動作原理分爲寫入和讀取兩種，分別描述如下：

1. 寫入動作

假設要將資料 80H 寫入到第一顆 8255A(u5)的控制暫存器內 (位址爲 83H)，規劃埠 A、埠 B、埠 C 爲輸出，其動作如下：

(1) 由資料埠輸出 83H，即先送出地址。

(2) 送出 ALE 信號爲 ，將位址閂鎖於 74LS373 內，即產生位址匯流排的信號。

(3) 再由資料埠輸出 80H，即送出資料。

(4) 送出 $\overline{WR}$ 信爲 ，將 80H 寫入 8255A 內。

時序圖如圖 3-19。程式 3-1 爲寫入副程式。

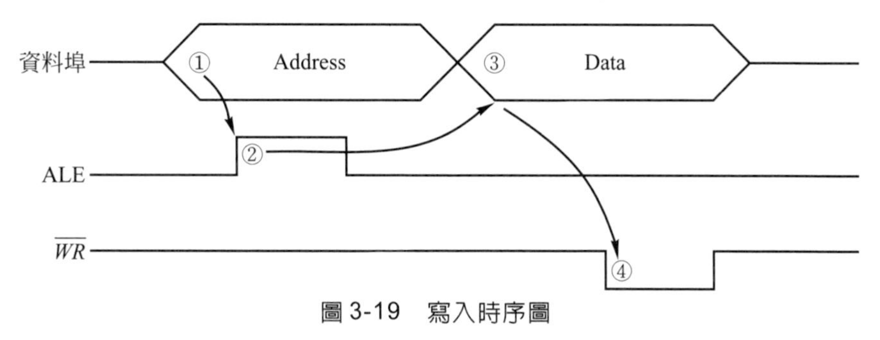

圖 3-19　寫入時序圖

```
'     副程式 Out_addr_data
1     Public Sub Out_addr_data(addr As Integer, data As Variant)
2       Dim i As Integer
3       out PortAddress + 2, &H7  'out mode & ALE, /RD, /WR no active
4       out PortAddress, addr      'send address
5       out PortAddress + 2, &HF  'send ALE=high
6       out PortAddress + 2, &H7  'send ALE=low
7       out PortAddress, data      'send data
8       out PortAddress + 2, &H6  'send /WR=low
9       For i = 0 To 100 : Next i     'delay
10      out PortAddress + 2, &H7  'send /WR=high
11    End Sub
```

程式 3-1　寫入資料副程式

行　號	說　　明
3	PortAddress ＋ 2 ＝ Bass Address ＋ 2(即 37A)，令 ALE ＝ 0、/RD ＝ 1、/WR ＝ 1、資料埠爲輸出模式。
4	送出位址。
5，6	送出 ALE 信號爲 ＿┌┐＿ ，將位址鎖住。
7	送出資料。
8～10	送出/WR 信號爲 ￣└┘￣ 。

2. 讀取資料動作

假設要讀取第一顆 8255A(u5)埠 A 的資料，其動作如下：

(1) 將資料埠設爲輸出模式，ALE ＝ 0、$\overline{WR}$＝ 1、$\overline{RD}$＝ 1。

(2) 由資料埠輸出 80H 地址。

(3) 送出 ALE 信號爲 ＿┌┐＿，將地址閂鎖於 74LS373 內。

(4) 將資料埠設爲輸入模式。

(5) 送出$\overline{RD}$＝ 0。

(6) 由資料埠讀取資料。

(7) 送出$\overline{RD}$＝ 1。

時序圖如圖 3-20 所示，程式 3-2 爲讀取資料副程式。

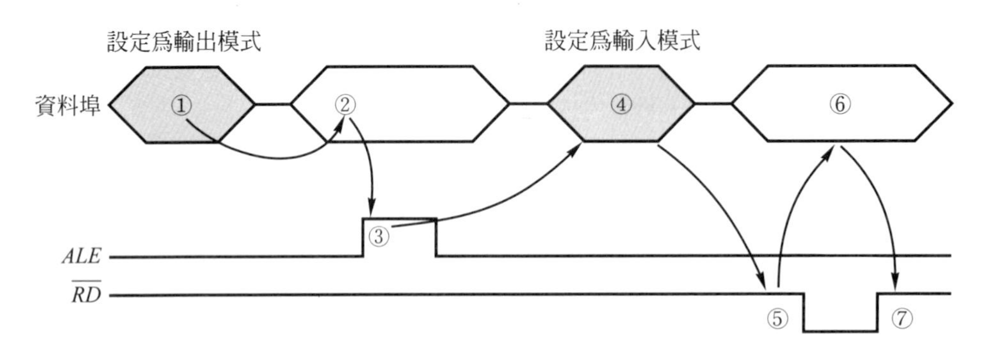

圖 3-20　讀取時序圖

```
'    副程式 In_addr_data
1    Public Function In_addr_data(addr As Integer)
2     Dim i, data As Integer
3     out PortAddress + 2, &H7   'out mode & ALE, /RD, /WR no active
4     out PortAddress, addr      'send address
5     out PortAddress + 2, &HF   'send ALE=high
6     out PortAddress + 2, &H7   'send ALE=low
7     out PortAddress, &HFF     'data port=&HFF for acting input
8     out PortAddress + 2, &H27  'set input mode
9     out PortAddress + 2, &H25  'send /RD=low
10    data = Inp(PortAddress)     'read data
11    out PortAddress + 2, &H27  'send /RD=high
12    In_addr_data = data
13   End Function
```

程式 3-2 讀取資料副程式

行號	說明
3	PortAddress + 2 = Bass Address + 2(即 37A)，令 ALE = 0、/RD = 1、/WR = 1、資料埠爲輸出模式。
4	送出位址。
5，6	送出 ALE 信號爲 _⌈‾⌉_ ，將位址鎖住。
7，8	設資料埠爲輸入模式。
9	令 /RD = 0。
10	讀取資料。
11	令 /RD = 1。
12	將讀取的資料傳回呼叫程式。

圖 3-18 爲並列埠控制卡擴充接腳的定義表，我們可以利用這些接腳作實驗。

第 4 章

並列埠 8255A 卡基本輸入/輸出實驗

實驗 4-1：霹靂燈

一、實驗目的

了解 8255A MODE 0 輸出控制原理及程式設計。

二、實驗原理

霹靂燈電路由 8 個LED所構成，藉著程式中數值的變化，使LED產生左右移動效果。因 8255A 的驅動能力較少，所以使用 um2803 來增加輸出電流。更由於人的視覺有暫留效應，所以於LED每次變化時，在程式中都加延時動作的時間，來加強明顯的功能。

三、實驗功能

由最左PA_0所控制的 LED 先亮，再依序右移第 2 個 LED 亮，第 3 個，……直到第 8 個 LED 亮過後，再回到第 7 個，第 6 個，……，第 1 個 LED 亮，再重覆上述動作。

四、實驗電路

本實驗電路是由並列埠擴充 I/O 埠 8255A，其電路設計請參閱第三章並列埠 8255A 卡的動作，圖 4-1-1 只有 8255A 和LED的部份，底下各實驗電路均只劃出 8255A 的部份電路，請讀者先熟悉第三章電路設計。

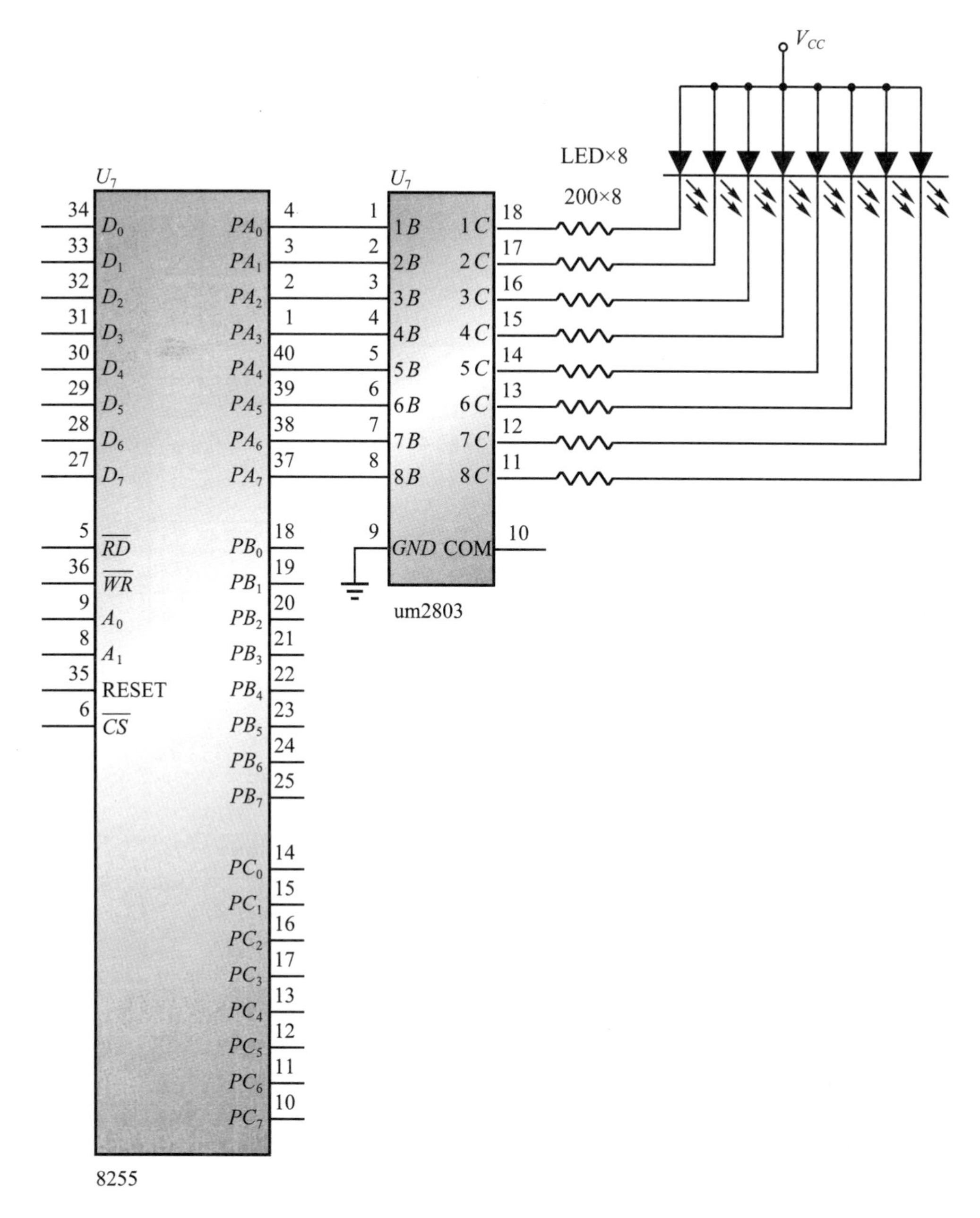

圖 4-1-1　霹靂燈

五、實驗程式設計

(一)畫面設計

本實驗使用到四個物件，其中二個為Command按鈕(執行和結束)，一個 Timer 和一個 Text 做輸出值顯示。如圖 4-1-2 所示。

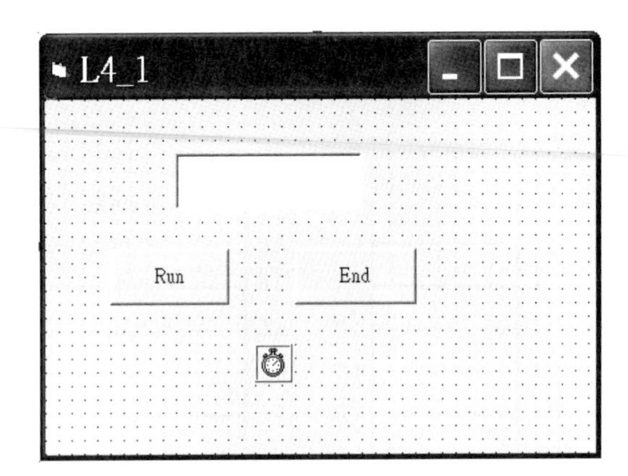

圖 4-1-2　實驗 4-1 之畫面設計

(一)程式設計

```
'    L4_1 實驗，8255  LED 顯示控制
```

(A)程式　IN_OUT 模組

```
1    Public Declare Function Inp Lib "inpout32.dll" _
2    Alias "Inp32" (ByVal PortAddress As Integer) As Integer
3    Public Declare Sub out Lib "inpout32.dll" _
4    Alias "Out32" (ByVal PortAddress As Integer, ByVal Value As Integer)
```

(B)主程式

```
1    Option Explicit
2    Dim Value As Integer
3    Dim PortAddress As Integer
4    Dim Cword As Integer
5    Dim LEDvalue As Variant
6    Dim A8255 As Integer
7
8    Private Sub End_Click()
9      End
10   End Sub
11
12   Private Sub cmdRun_Click()
13     Timer1.Enabled = True
14   End Sub
15
```

```
16  Private Sub Form_Load()
17    LEDvalue = Array(&H1, &H2, &H4, &H8, &H10, &H20, &H40, &H80, _
18                     &H80, &H40, &H20, &H10, &H8, &H4, &H2, &H1)
19    Value = 0
20    Cword = &H80
21    A8255 = &H80
22    PortAddress = &H378
23    out PortAddress + 2, &H7
24    Out_addr_data A8255 + 3, Cword
25    Timer1.Enabled = False
25    Timer1.Interval = 250
27  End Sub
28
29  Private Sub timer1_Timer()
30    Out_addr_data A8255, LEDvalue(Value)
31    Text1.Text = LEDvalue(Value)
32      If Value < 15 Then
33         Value = Value + 1
34      Else
35         Value = 0
36    End If
37  End Sub
38
39  Public Sub Out_addr_data(addr As Integer, data As Variant)
40    Dim i As Integer
41    out PortAddress + 2, &H7 'out mode & ALE, /RD, /WR no active
42    out PortAddress, addr    'send address
43    out PortAddress + 2, &HF 'send ALE=high
44    out PortAddress + 2, &H7 'send ALE=low
45    out PortAddress, data    'send data
46    out PortAddress + 2, &H6 'send /WR=low
47    For i = 0 To 100 : Next i  'delay
48    out PortAddress + 2, &H7 'send /WR=high
49  End Sub
```

程式 4-1 8255 霹靂燈顯示控制

(三)程式說明：(B)主程式

行 號	說 明
1	Option Explicit 表示程式中的所有變數都必須宣告其資料型態。
2～6	整體變數宣告。
8～10	End_Click()爲事件副程式。當滑鼠移到此物件(End)，並按下左鍵時，會激發執行而結束整個程式。
12～14	cmdRun_Click()事件副程式。
13	致能計時器 Timer1 開始計時。
16～27	當程式開始執行時，Form_Load()是第一個被執行的副程式。一般都作爲變數初值的設定區。
17～24	變數初值設定。
17，18	定義 LED 閃滅的資料。
25	Timer1 除能。
26	Timer1 執行間隔爲 250m Sec。
29～37	Timer1 副程式。
32	呼叫 Out_addr_data()將資料傳送到 8255。
31～35	控制輸出資料在 LEDvalue 陣列所宣告的範圍內。
39～49	Out_addr_data()副程式，其說明請參閱第三章。

六、問　題

1. 修改實驗 4-1 爲紅綠燈控制。
2. 將圖 4-1-1 的 8255 埠 A、埠 B、埠 C 均接上 2803 及 LED，使共有 24 顆 LED，並寫一個廣告燈程式。
3. 請用 2 個 8255 設計有 48 顆 LED 的廣告燈控制。

實驗 4-2：輸入／輸出實驗

一、實驗目的

了解使用 8255 讀取資料，並能使用 8255 將資料輸出。

二、實驗原理

設定 8255 爲模式 0、埠A爲輸出、埠B爲輸入，所以其輸入到 8255 控制暫存器的資料爲 82H。

三、實驗動作

讀取 8255 埠B上的開關狀態，並將讀取的值，對應的輸出到埠A上的LED，以顯示DIP的ON或OFF的狀態。DIP ON時爲低電位，對應在LED上爲滅的狀態，反之 DIP OFF 時爲高電位，對應在 LED 上爲亮的狀態。

四、實驗電路

如圖 4-2-1 所示。

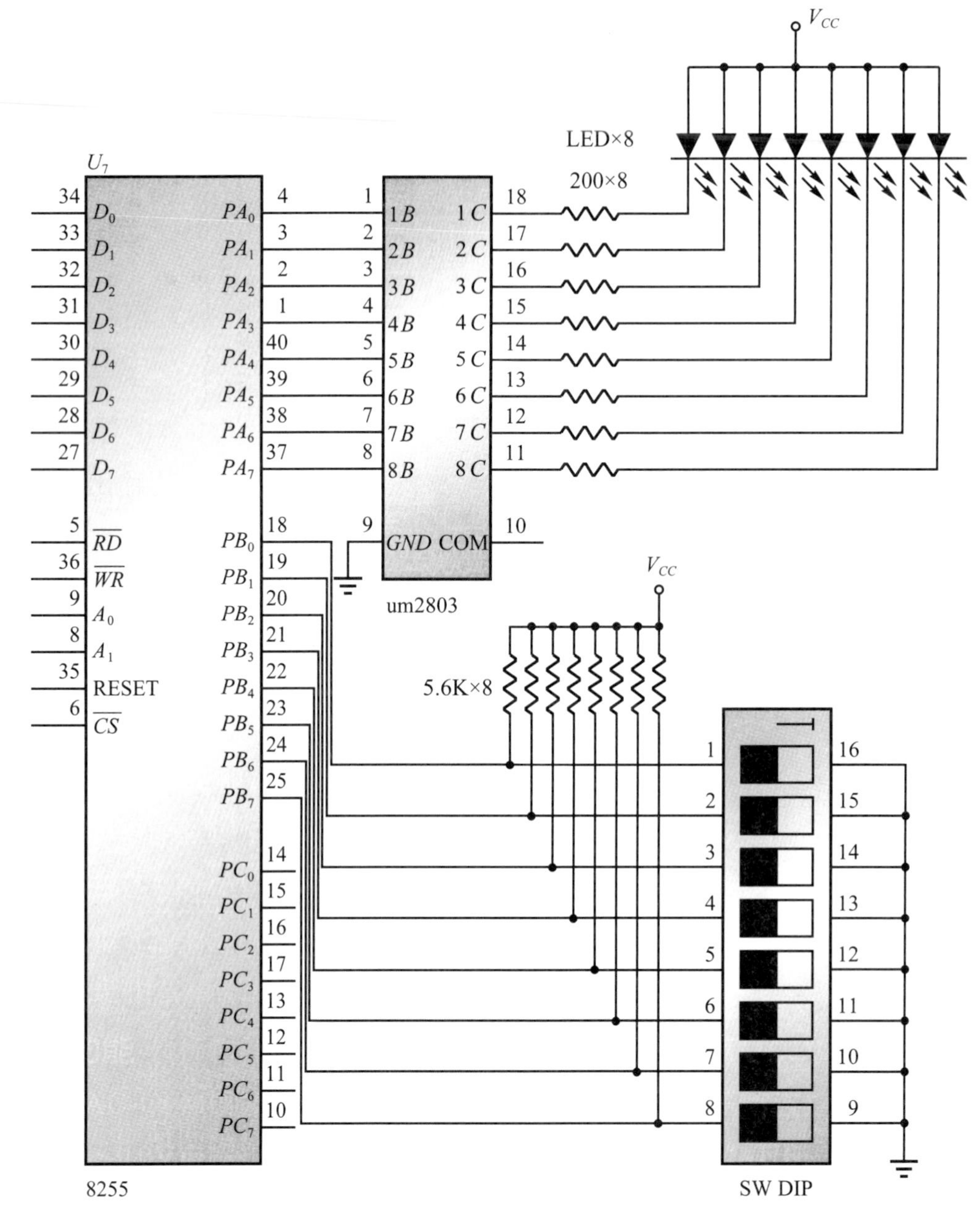

圖 4-2-1 輸入／輸出電路

五、實驗程式設計

(一)畫面設計

本實驗使用到四個物件，其中二個爲Command按鈕（執行和結束），一個 Timer 和一個 Text 做輸出值顯示。如圖 4-2-2 所示。

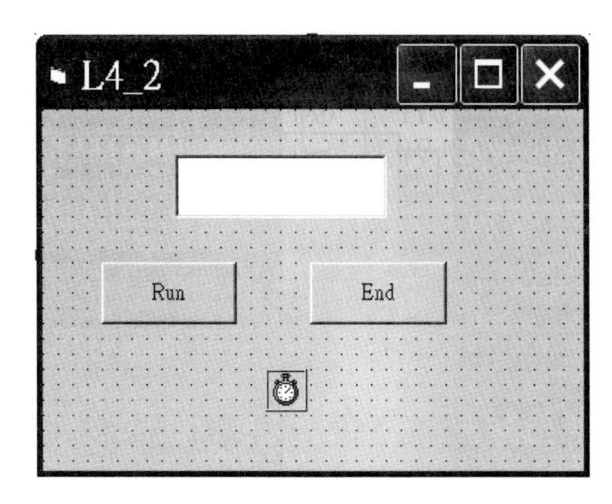

圖 4-2-2　實驗 4-2 之畫面設計

(二)程式設計

```
'   L4_2 實驗，8255 input/output 控制實驗
```

(A)程式　IN_OUT 模組

```
1   Public Declare Function Inp Lib "inpout32.dll" _
2   Alias "Inp32" (ByVal PortAddress As Integer) As Integer
3   Public Declare Sub out Lib "inpout32.dll" _
4   Alias "Out32" (ByVal PortAddress As Integer, ByVal Value As Integer)
```

(B)主程式

```
1   Option Explicit
2   Dim PortAddress As Integer
3   Dim Cword As Integer
4   Dim A8255 As Integer
5
6   Private Sub End_Click()
7     End
8   End Sub
9
10  Private Sub cmdRun_Click()
11    Timer1.Enabled = True
12  End Sub
13
14  Private Sub Form_Load()
15    Cword = &H82
```

```
16    A8255 = &H80
17    PortAddress = &H378
18    out PortAddress + 2, &H7
19    Out_addr_data A8255 + 3, Cword
20    Timer1.Enabled = False
21    Timer1.Interval = 10
22  End Sub
23
24  Private Sub timer1_Timer()
25    Dim Led As Integer
26    Led = In_addr_data(A8255 + 1)
27    Out_addr_data A8255, Led
28    Text1.Text = Led
29  End Sub
30
31  Public Sub Out_addr_data(addr As Integer, data As Variant)
32    Dim i As Integer
33    out PortAddress + 2, &H7 'out mode & ALE, /RD, /WR no active
34    out PortAddress, addr    'send address
35    out PortAddress + 2, &HF 'send ALE=high
36    out PortAddress + 2, &H7 'send ALE=low
37    out PortAddress, data    'send data
38    out PortAddress + 2, &H6 'send /WR=low
39    For i = 0 To 100 : Next i       'delay
40    out PortAddress + 2, &H7 'send /WR=high
41  End Sub
42
43  Public Function In_addr_data(addr As Integer)
44    Dim i, data As Integer
45    out PortAddress + 2, &H7  'out mode & ALE, /RD, /WR no active
46    out PortAddress, addr     'send address
47    out PortAddress + 2, &HF  'send ALE=high
48    out PortAddress + 2, &H7  'send ALE=low
49    out PortAddress, &HFF     'data port=&HFF for acting input
50    out PortAddress + 2, &H27 'set input mode
51    out PortAddress + 2, &H25 'send /RD=low
52    data = Inp(PortAddress)   'read data
53    out PortAddress + 2, &H27 'send /RD=high
54    In_addr_data = data
55  End Function
```

程式 4-2　8255 input/output 控制實驗

(三)程式說明：(B)主程式

行　號	說　　　　明
1	Option Explicit 表示程式中的所有變數都必須宣告其資料型態。
2～4	整體變數宣告。
6～8	End_Click()爲事件副程式。當滑鼠移到此物件(End)，並按下左鍵時，會激發執行而結束整個程式。
10～12	cmdRun_Click()事件副程式。
11	致能計時器 Timer1 開始計時。
14～22	當程式開始執行時，Form_Load()是第一個被執行的副程式。一般都作爲變數初值的設定區。
17～24	變數初值設定。
15～19	設定 8255 的埠 A 爲輸出，埠 B 爲輸入。
20	Timer1 除能。
21	設定 Timer1 執行間隔爲 10 m 秒。
24～29	Timer1 副程式。
26	呼叫In_addr_data(addr As Integer)讀取 8255 埠B的DIP資料。
27	呼叫 Out_addr_data()將所讀取的資料傳送到 8255 的埠 A。
31～35	控制輸出資料在 LEDvalue 陣列所宣告的範圍內。顯示
31～41	Out_addr_data()副程式，其說明請參閱第三章。
43～55	In_addr_data(addr As Integer) 副程式，其說明請參閱第三章。

六、問　題

1. 請利用第一個 8255 的埠A 接LED，第二個 8255 的埠A 接DIP SW，重新修改程式 4-2。
2. 修改程式 4-2，模擬電梯升降的動作。

實驗 4-3：三個七段顯示器

一、實驗目的

瞭解 8255A 直接輸出到 7 段顯示器的控制方法。

二、實驗原理

因 8255A 的驅動電流較少，所以必須使用緩衝器 um2803 來增加輸出電流。

三、實驗功能

程式執行後，三個七段顯示器會重複由 000 往上計數到 999。

四、實驗電路

電路如圖 4-3-1 所示。

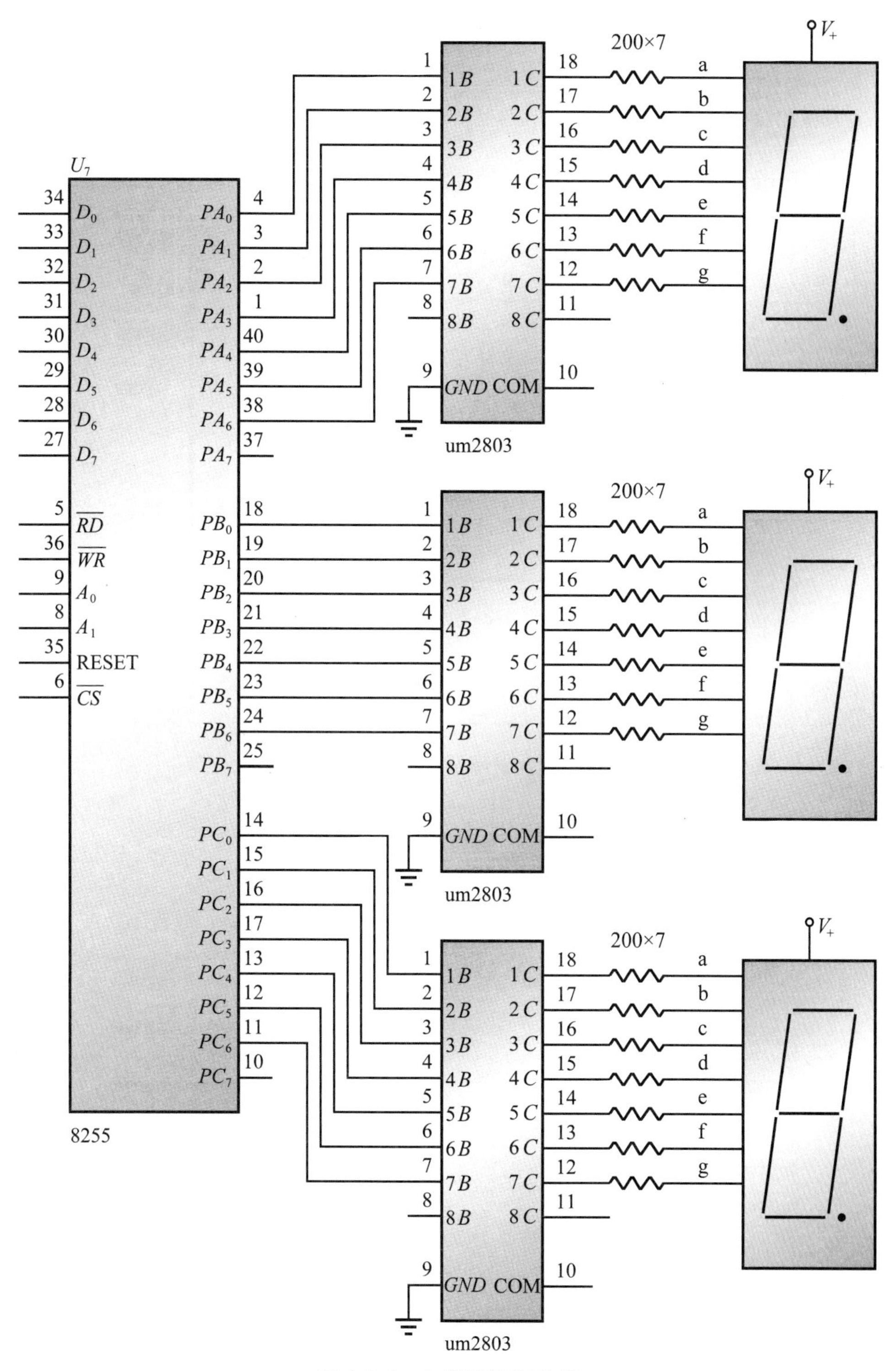

圖 4-3-1　七段顯示計數器

五、實驗程式設計

(一)畫面設計

本實驗使用到四個物件，其中二個爲Command按鈕(執行和結束)，一個 Timer 和一個 Text 做輸出值顯示。如圖 4-3-2 所示。

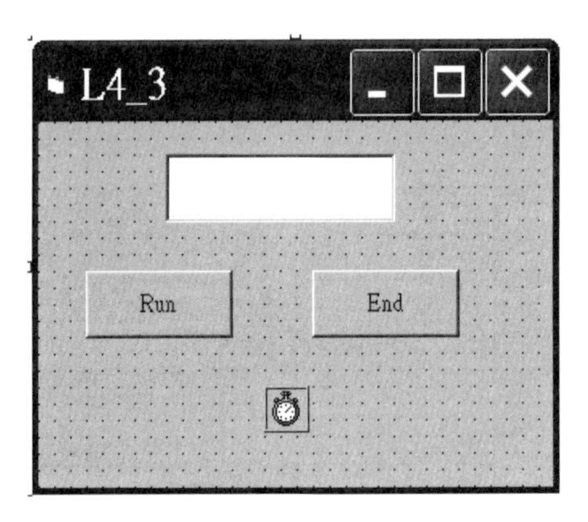

圖 4-3-2　實驗 4-3 之畫面設計

(二)程式設計

'L4_3　8255 實驗， 3 個七段 LED 控制實驗

(A)程式　IN_OUT 模組

```
1    Public Declare Function Inp Lib "inpout32.dll" _
2    Alias "Inp32" (ByVal PortAddress As Integer) As Integer
3    Public Declare Sub out Lib "inpout32.dll" _
4    Alias "Out32" (ByVal PortAddress As Integer, ByVal Value As Integer)
```

(B)主程式

```
1    Option Explicit
2    Dim Count_value As Integer
3    Dim PortAddress As Integer
4    Dim LED_7seg As Variant
5    Dim A8255 As Integer
6    Dim Cword As Integer
7    Private Sub CmdEnd_Click()
8      End
```

```
9   End Sub
10
11  Private Sub Form_Load()
12    LED_7seg = Array(&H3F, &H6, &H5B, &H4F, &H66, _
13                     &H6D, &H7D, &H7, &H7F, &H6F)
14    Cword = &H80
15    A8255 = &H80
16    PortAddress = &H378
17    out PortAddress + 2, &H7
18    Out_addr_data A8255 + 3, Cword
19    Timer1.Enabled = False
20    Timer1.Interval = 100
21  End Sub
22
23  Private Sub CmdRun_Click()
24    Timer1.Enabled = True
25  End Sub
26
27  Private Sub timer1_Timer()
28    Dim i0, i10, i100 As Integer
29    i0 = Count_value Mod 10
30    i10 = (Count_value \ 10) Mod 10
31    i100 = (Count_value \ 100) Mod 10
32    Out_addr_data A8255, LED_7seg(i0)
33    Out_addr_data A8255 + 1, LED_7seg(i10)
34    Out_addr_data A8255 + 2, LED_7seg(i100)
35    Text1.Text = Count_value
36    If Count_value = 999 Then
37       Count_value = 0
38    Else
39       Count_value = Count_value + 1
40    End If
41  End Sub
42
43  Public Sub Out_addr_data(addr As Integer, data As Variant)
44    Dim i As Integer
45    out PortAddress + 2, &H7 'out mode & ALE, /RD, /WR no active
46    out PortAddress, addr    'send address
47    out PortAddress + 2, &HF 'send ALE=high
48    out PortAddress + 2, &H7 'send ALE=low
49    out PortAddress, data    'send data
50    out PortAddress + 2, &H6 'send /WR=low
```

```
51     For i = 0 To 100: Next i    'delay
52     out PortAddress + 2, &H7 'send /WR=high
53   End Sub
```

程式 4-3　3 個七段 LED 控制實驗使用 8255

(三)程式說明：(B)主程式

行　號	說　　明
1	Option Explicit 表示程式中的所有變數都必須宣告其資料型態。
2～6	整體變數宣告。
7～9	End_Click()爲事件副程式。當滑鼠移到此物件（End），並按下左鍵時，會激發執行而結束整個程式。
11～21	當程式開始執行時，Form_Load()是第一個被執行的副程式。一般都作爲變數初值的設定區。
12～13	陣列 LED_7seg 的初值設定。
14～18	設定 8255 的埠 A、B、C 爲輸出。
19	Timer1 除能。
20	設定 Timer1 執行間隔爲 100m Sec。
23～25	CmdRun_Click()事件副程式。
24	致能計時器 Timer1 開始計時。
27～41	Timer1 副程式。
29	取個位數之値存入變數 i0 中。
30	取十位數之値存入變數 i10 中。
31	取百位數之値存入變數 i100 中。
32	將個位數由埠 A 輸出到七段顯示器顯示。
33	將十位數由埠 B 輸出到七段顯示器顯示。
34	將百位數由埠 C 輸出到七段顯示器顯示。
36～40	計數值由 000 到 999 間遞增計數。
43～53	Out_addr_data()副程式，其說明請參閱第三章。

六、問　題

1. 請修改程式4-3，使成爲十六進位計數器。
2. 修改電路4-3-1使電路含有六個七段顯示器，並修改程式4-3使能做上/下計數的動作。

實驗 4-4：4 個七段顯示器——使用多工

一、實驗目的

瞭解利用 8255A 作多工掃描顯示的原理與程式設計。

二、實驗原理

4 個七段顯示器的各節段分別都接在一起，由埠 A 提供顯示資料，而多工掃描則由埠 B 提供。

三、實驗功能

四個顯示器的顯示資料則由 0000 往上計數直到 9999，再由 0000 到 9999 一直循環顯示。

四、實驗電路

如圖 4-4-1 所示。

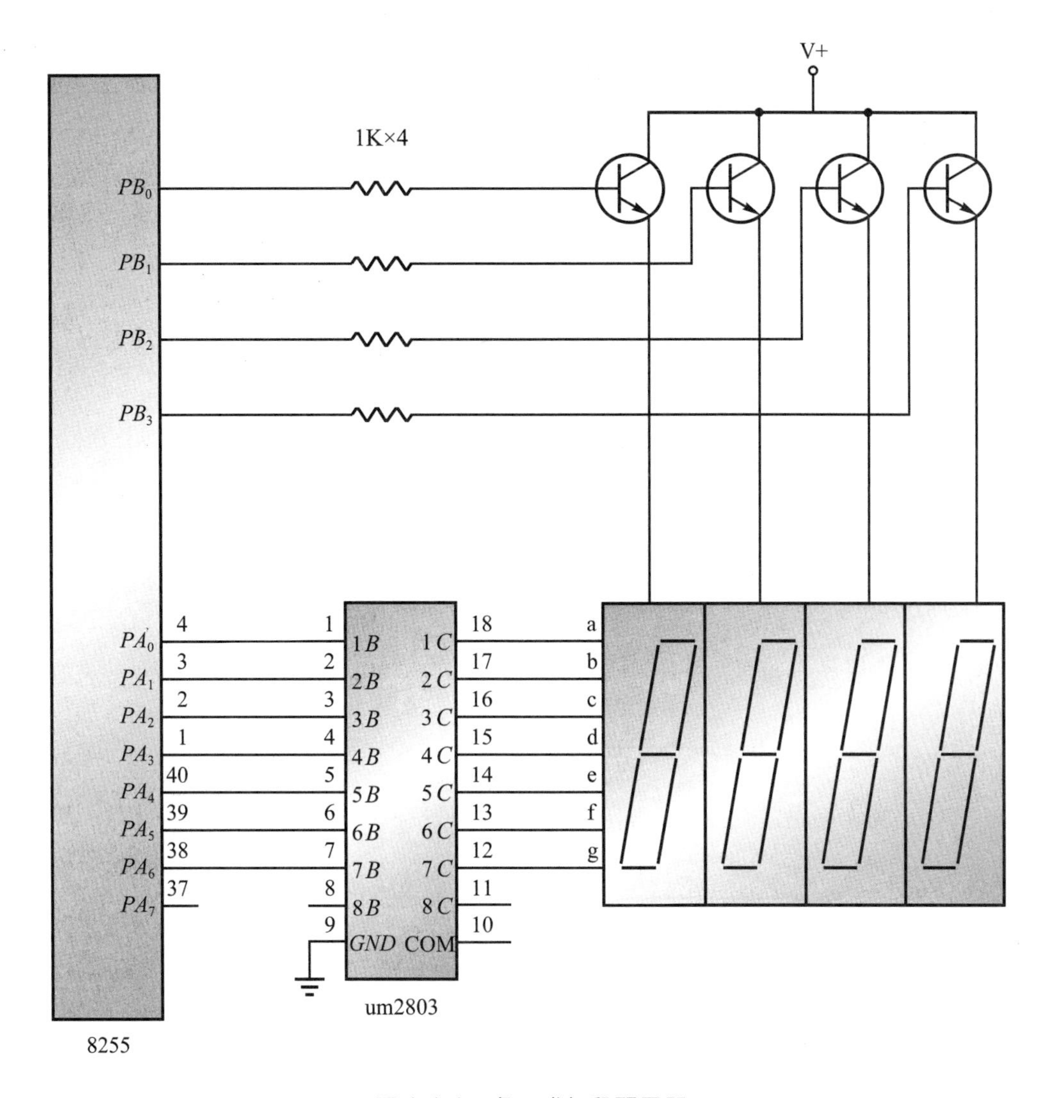

圖 4-4-1　多工式七段顯示器

五、實驗程式設計

(一)畫面設計

本實驗使用到四個物件，其中二個爲Command按鈕(執行和結束)，和一個 Text 做輸出值顯示。如圖 4-4-2 所示。

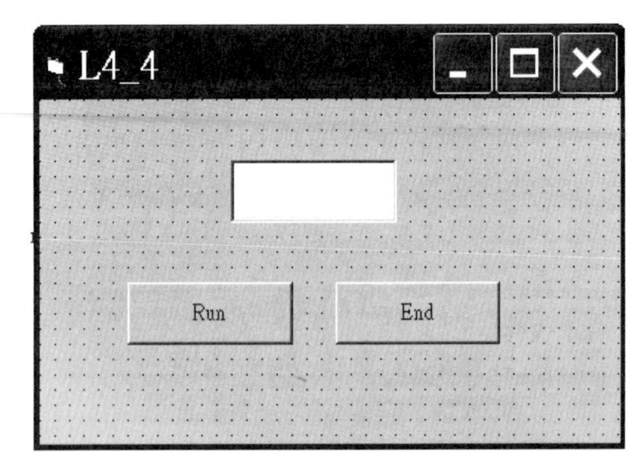

圖 4-4-2　實驗 4-4 之畫面設計

(二)程式設計

'L4_4　8255 實驗， 4 個七段 LED 掃描式控制實驗

(A)程式　IN_OUT 模組

```
1    Public Declare Function Inp Lib "inpout32.dll" _
2    Alias "Inp32" (ByVal PortAddress As Integer) As Integer
3    Public Declare Sub out Lib "inpout32.dll" _
4    Alias "Out32" (ByVal PortAddress As Integer, ByVal Value As Integer)
```

(B)主程式

```
1    Option Explicit
2    Dim Count_value, Scan_value As Integer
3    Dim PortAddress As Integer
4    Dim LED_7seg, Scan As Variant
5    Dim Count_speed As Integer
6    Dim A8255 As Integer
7    Dim Cword As Integer
8    Const SPEED = 50
9
10   Private Sub CmdEnd_Click()
11     End
12   End Sub
13
14   Private Sub Form_Load()
```

```
15     LED_7seg = Array(&H3F, &H6, &H5B, &H4F, &H66, _
16                      &H6D, &H7D, &H7, &H7F, &H6F)
17     Scan = Array(&H1, &H2, &H4, &H8)
18     Count_value = 0
19     Count_speed = 0
20     Cword = &H80
21     A8255 = &H80
22     PortAddress = &H378
23     out PortAddress + 2, &H7
24     Out_addr_data A8255 + 3, Cword
25   End Sub
26
27   Private Sub CmdRun_Click()
28     Dim j, i0, i10, i100, i1000 As Integer
29     While 1
30       i0 = Count_value Mod 10
31       i10 = (Count_value \ 10) Mod 10
32       i100 = (Count_value \ 100) Mod 10
33       i1000 = Count_value \ 1000
34       For j = 0 To 3
35           Out_addr_data A8255+ 1, &H0
36           Select Case j
37             Case 0
38                 Out_addr_data A8255, LED_7seg(i0)
39             Case 1
40                 Out_addr_data A8255, LED_7seg(i10)
41             Case 2
42                 Out_addr_data A8255, LED_7seg(i100)
43             Case Else
44                 Out_addr_data A8255, LED_7seg(i1000)
45           End Select
46           Out_addr_data A8255 + 1, Scan(j)
47           Delay 100
48         Next j
49         Text1 = Count_value
50         Count_speed = Count_speed + 1
51         If Count_speed = SPEED Then
52           Count_speed = 0
53           If Count_value = 9999 Then
54             Count_value = 0
55           Else
56             Count_value = Count_value + 1
```

```
57          End If
58        End If
59        DoEvents
60      Wend
61  End Sub
62
63  Public Sub Out_addr_data(addr As Integer, data As Variant)
64    Dim i As Integer
65    out PortAddress + 2, &H7 'out mode & ALE, /RD, /WR no active
66    out PortAddress, addr      'send address
67    out PortAddress + 2, &HF  'send ALE=high
68    out PortAddress + 2, &H7  'send ALE=low
69    out PortAddress, data      'send data
70    out PortAddress + 2, &H6  'send /WR=low
71    For i = 0 To 100 : Next i     'delay
72    out PortAddress + 2, &H7 'send /WR=high
73  End Sub
74
75  Public Sub Delay(t As Integer)
76    Dim t1, t2 As Integer
77    For t1 = 0 To t
78      For t2 = 0 To t : Next t2
79    Next t1
80  End Sub
```

程式 4-4　4 個七段 LED 掃描式控制實驗使用 8255

(二)程式說明

行　號	說　　明
1	Option Explicit 表示程式中的所有變數都必須宣告其資料型態。
2～8	整體變數宣告。
10～12	CmdEnd_Click()為事件副程式。當滑鼠移到此物件(End)，並按下左鍵時，會激發執行而結束整個程式。
14～25	當程式開始執行時，Form_Load()是第一個被執行的副程式。一般都作為變數初值的設定區。
15～16	陣列 LED_7seg 的初值設定。
17	掃瞄碼資料。

18～22　初值設定。

22～24　設定 8255 的埠 A、B、C 為輸出。

27～61　CmdRun_Click()事件副程式。

28　變數宣告。

29～60　無限迴圈，使顯示 0000 到 9999。

30　取個位數之值存入變數 i0 中。

31　取十位數之值存入變數 i10 中。

32　取百位數之值存入變數 i100 中。

33　取千位數之值存入變數 i1000 中。

34～48　配合掃瞄動作分別輸出個位數、十位數、百位數、千位數的顯示資料。

47　做少許的延遲。

50～58　計數值由 0000 到 9999 間的遞增和遞增速度的控制。

63～73　Out_addr_data()副程式，其說明請參閱第三章。

75～80　延遲副程式。

六、問　題

1. 修改實驗 4-4，使電路含有六個七段顯示器，並可顯示 PC 內的時間。

實驗 4-5：LED 點矩陣顯示——使用 8255

一、實驗目的

瞭解 5×7 LED 點矩陣顯示器的字形設計與控制方法。

二、實驗原理

請參閱實驗 2-4。

三、實驗功能

重複顯示 0～9 等 10 個數目字。

四、實驗電路

如圖 4-5-1 所示。

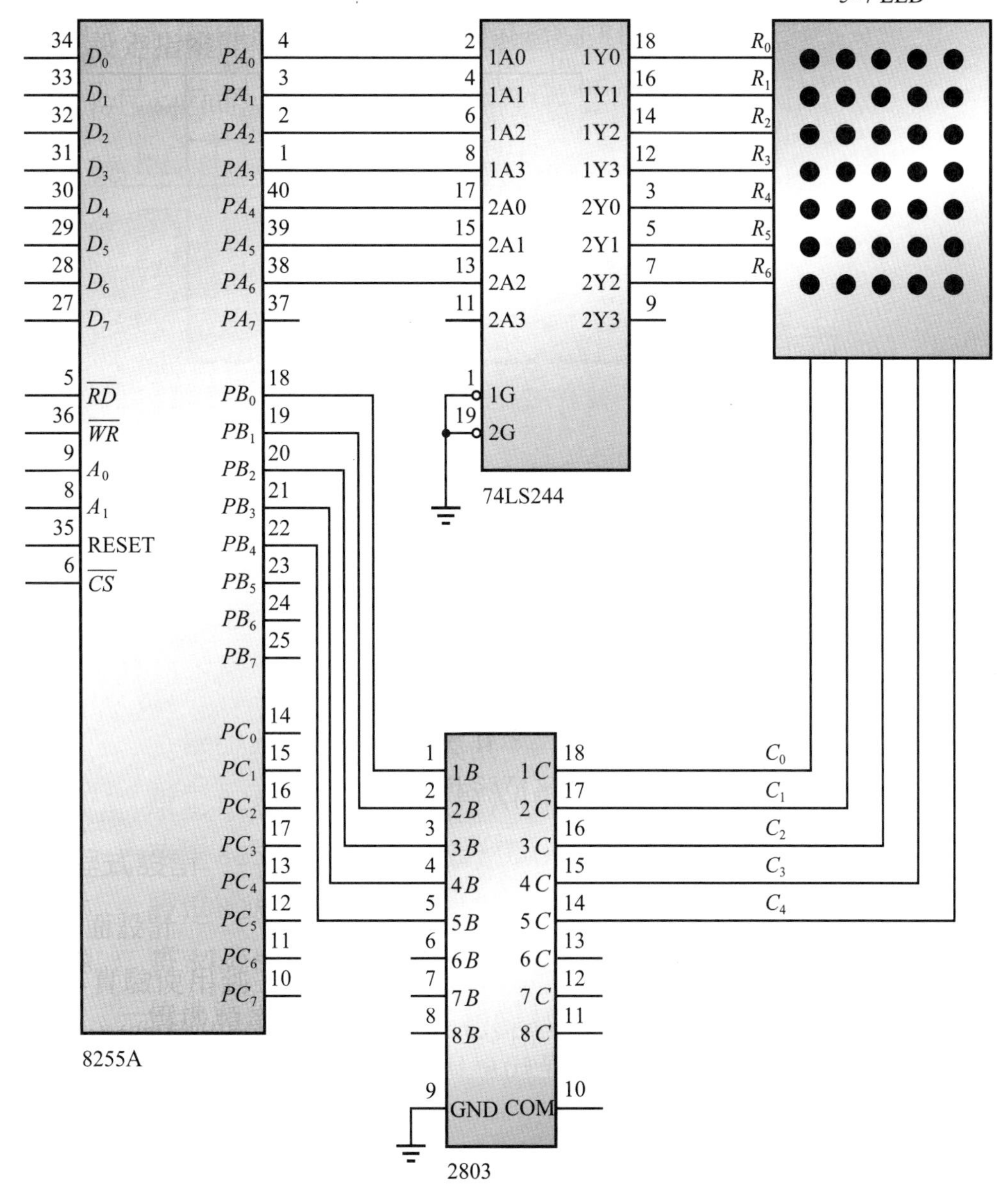

圖 4-5-1　5×7 點矩陣

五、實驗程式設計

(一)畫面設計

本實驗使用到四個物件，其中二個爲Command按鈕(執行和結束)，和一個 Text 做輸出值顯示。如圖 4-5-2 所示。

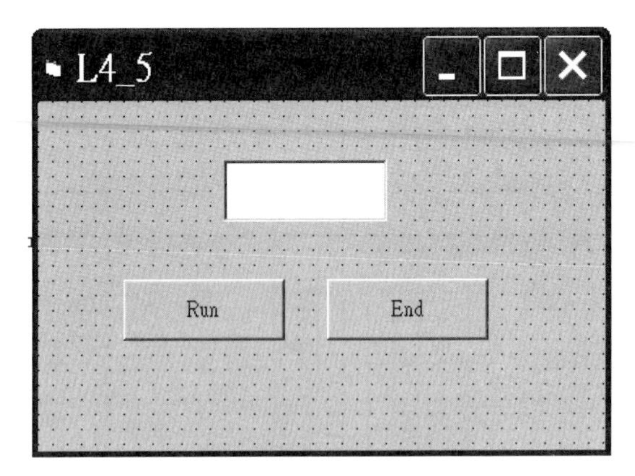

圖 4-5-2　實驗 4-5 之畫面設計

(二)程式設計

' L4_5 8255 實驗， 5*7 點矩陣 LED 控制實驗

(A)程式 IN_OUT 模組

```
1    Public Declare Function Inp Lib "inpout32.dll" _
2    Alias "Inp32" (ByVal PortAddress As Integer) As Integer
3    Public Declare Sub out Lib "inpout32.dll" _
4    Alias "Out32" (ByVal PortAddress As Integer, ByVal Value As Integer)
```

(B)主程式

```
1    Option Explicit
2    Dim Count_value, Scan_value As Integer
3    Dim PortAddress As Integer
4    Dim LED_Matrix As Variant
5    Dim Scan As Variant
6    Dim Count_speed As Integer
7    Dim A8255 As Integer
8    Dim Cword As Integer
9    Const SPEED = 500
10
11   Private Sub CmdEnd_Click()
12     End
13   End Sub
14
```

```
15  Private Sub Form_Load()
16    LED_Matrix = Array(&H3E, &H41, &H41, &H41, &H3E, _
17                       &H40, &H42, &H7F, &H40, &H40, _
18                       &H46, &H61, &H51, &H49, &H46, _
19                       &H22, &H41, &H49, &H49, &H36, _
20                       &H18, &H14, &H12, &H7F, &H10, _
21                       &H4F, &H49, &H49, &H49, &H31, _
22                       &H3E, &H49, &H49, &H49, &H32, _
23                       &H3, &H1, &H61, &H19, &H7, _
24                       &H36, &H49, &H49, &H49, &H36, _
25                       &H26, &H49, &H49, &H49, &H3E)
26    Scan = Array(&H1, &H2, &H4, &H8, &H10)
27    Count_value = 0
28    Count_speed = 0
29    Cword = &H80
30    A8255 = &H80
31    PortAddress = &H378
32    out PortAddress + 2, &H7
33    Out_addr_data A8255 + 3, Cword
34  End Sub
35

36  Private Sub CmdRun_Click()
37    Dim j As Integer
38    While 1
39      For j = 0 To 4
40        Out_addr_data A8255 + 1, &H0
41        Select Case j
42          Case 0
43             Out_addr_data A8255, LED_Matrix(5 * Count_value)
44          Case 1
45             Out_addr_data A8255, LED_Matrix(5 * Count_value + 1)
46          Case 2
47             Out_addr_data A8255, LED_Matrix(5 * Count_value + 2)
48          Case 3
49             Out_addr_data A8255, LED_Matrix(5 * Count_value + 3)
50          Case Else
51             Out_addr_data A8255, LED_Matrix(5 * Count_value + 4)
52        End Select
53        Out_addr_data A8255 + 1, Scan(j)
54        Delay 200
55      Next j
```

```
56      Text1.Text = Count_value
57      Count_speed = Count_speed + 1
58      If Count_speed = SPEED Then
59         Count_speed = 0
60         If Count_value = 9 Then
61            Count_value = 0
62         Else
63            Count_value = Count_value + 1
64         End If
65       End If
66       DoEvents
67     Wend
68   End Sub
69
70   Public Sub Delay(t As Integer)
71     Dim t1, t2 As Integer
72     For t1 = 0 To t
73       For t2 = 0 To t : Next t2
74     Next t1
75   End Sub
76
77   Public Sub Out_addr_data(addr As Integer, data As Variant)
78     Dim i As Integer
79     out PortAddress + 2, &H7  'out mode & ALE, /RD, /WR no active
80     out PortAddress, addr     'send address
81     out PortAddress + 2, &HF  'send ALE=high
82     out PortAddress + 2, &H7  'send ALE=low
83     out PortAddress, data      'send data
84     out PortAddress + 2, &H6   'send /WR=low
85     For i = 0 To 100 : Next i    'delay
86     out PortAddress + 2, &H7   'send /WR=high
87   End Sub
```

程式 4-5　5*7 點矩陣 LED 控制實驗使用 8255

(三)程式說明：(B)主程式

行　號	說　　　　明
1	Option Explicit 表示程式中的所有變數都必須宣告其資料型態。
2～9	整體變數宣告。

11～13	CmdEnd_Click()為事件副程式。當滑鼠移到此物件(End)，並按下左鍵時，會激發執行而結束整個程式。
15～34	當程式開始執行時，Form_Load()是第一個被執行的副程式。一般都作為變數初值的設定區。
16～25	定義 0~9 字元碼的資料。
26	定義五筆掃瞄碼資料。
27～28	初值設定。
29～33	設定 8255 的埠 A、B、C 為輸出。
36～68	CmdRun_Click()事件副程式。
37	變數宣告。
38～67	無限迴圈，使一直重覆循環顯示 0 到 9。
39～55	此 FOR 迴圈的作用是依序由 /C0 至 /C4 間掃瞄。
53	主要目的是消除餘光。
41～52	由 41 行的 j 變數，用 Select Case 依序送出 /C0 至 /C4 的顯示資料。
53	輸出掃瞄碼。
54	控制各行(column)的顯示時間。
57～64	由 Count_speed 變數控制顯示時間，由 Count_value 變數控制顯示值 0~9。
66	釋放 CPU 執行權，讓其他的物件也有機會被執行，特別是在無限迴圈內，必須含有 DoEvents，其他的物件否則無法被執行。
70～75	延遲副程式。
77～87	Out_addr_data()副程式，其說明請參閱第三章。

六、問　題

1. 讓 5×7 點矩陣 LED 顯示你的學號、生日和電話號碼。

實驗 4-6：4× 4 掃描式鍵盤控制

一、實驗目的

瞭解掃描式鍵盤的原理與控制。

二、實驗原理

4×4 鍵盤共有 16 個鍵，其內部結構如圖 4-6-1 所示，因無中斷的功能，所以必須不停的掃描鍵盤以檢查各鍵的狀態，我們採用的方式是由 8255 的 PB_0～PB_3接到鍵盤列 (R_0～R_3)的部份，PA_4～PA_7接到鍵盤行 (C_0～C_3)的部份，然後PA_0～PA_3與PB_0～PB_3相接，以作偵測用。我們首先藉著程式，把檢查碼 1110B、1101B、1011B、0111B 依序由列輸出，在一個時間內，每列一碼，每一次.只有一個位元爲 0，其餘爲 1，因此，位元爲 0 的那列上，若有一按鍵被按下，其對應行的輸出必爲0，否則爲1，然後藉著埠A讀入列與行的狀態值而與圖 4-6-2 的掃描碼作比較，是否 16 鍵中有那一鍵被按下。有者，再將此鍵的二進碼由埠C輸出。顯示在LED上，若無者或鬆鍵後，再將下一檢查碼，由列輸出，重新檢查，如此週而復始的動作，就可偵測鍵盤最新狀態。因按鍵屬於機械的動作，容易產生反彈的現象而產生誤動作，因此可以在程式上加上延遲時間，而避免反彈現象，待按鍵穩定了才開始掃描鍵盤。

三、實驗功能

首先將 4×4 鍵盤的按鍵定義爲 0～9、A～F 值，經軟硬體的配合，每按一鍵，7 段 LED 即顯示其對應的按鍵之值，如無按鍵被按下時 7 段 LED 爲滅的狀態。

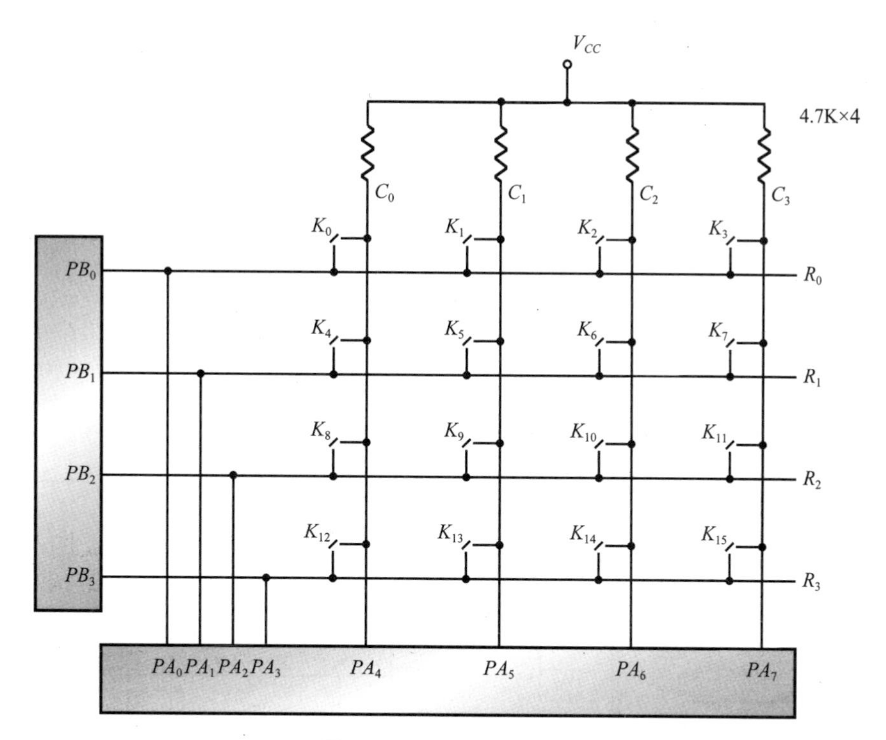

圖 4-6-1　鍵盤內部結構

按鍵	C_3	C_2	C_1	C_0	R_3	R_2	R_1	R_0	掃描碼
K_0	1	1	1	0	1	1	1	0	EEH
K_1	1	1	0	1	1	1	1	0	DEH
K_2	1	0	1	1	1	1	1	0	BEH
K_3	0	1	1	1	1	1	1	0	7EH
K_4	1	1	1	0	1	1	0	1	EDH
K_5	1	1	0	1	1	1	0	1	DDH
K_6	1	0	1	1	1	1	0	1	BDH
K_7	0	1	1	1	1	1	0	1	7DH
K_8	1	1	1	0	1	0	1	1	EBH
K_9	1	1	0	1	1	0	1	1	DBH
K_{10}	1	0	1	1	1	0	1	1	BBH
K_{11}	0	1	1	1	1	0	1	1	7BH
K_{12}	1	1	1	0	0	1	1	1	E7H
K_{13}	1	1	0	1	0	1	1	1	D7H
K_{14}	1	0	1	1	0	1	1	1	B7H
K_{15}	0	1	1	1	0	1	1	1	77H

圖 4-6-2　鍵盤的掃描碼

四、實驗電路

電路圖如圖 4-6-3 所示。

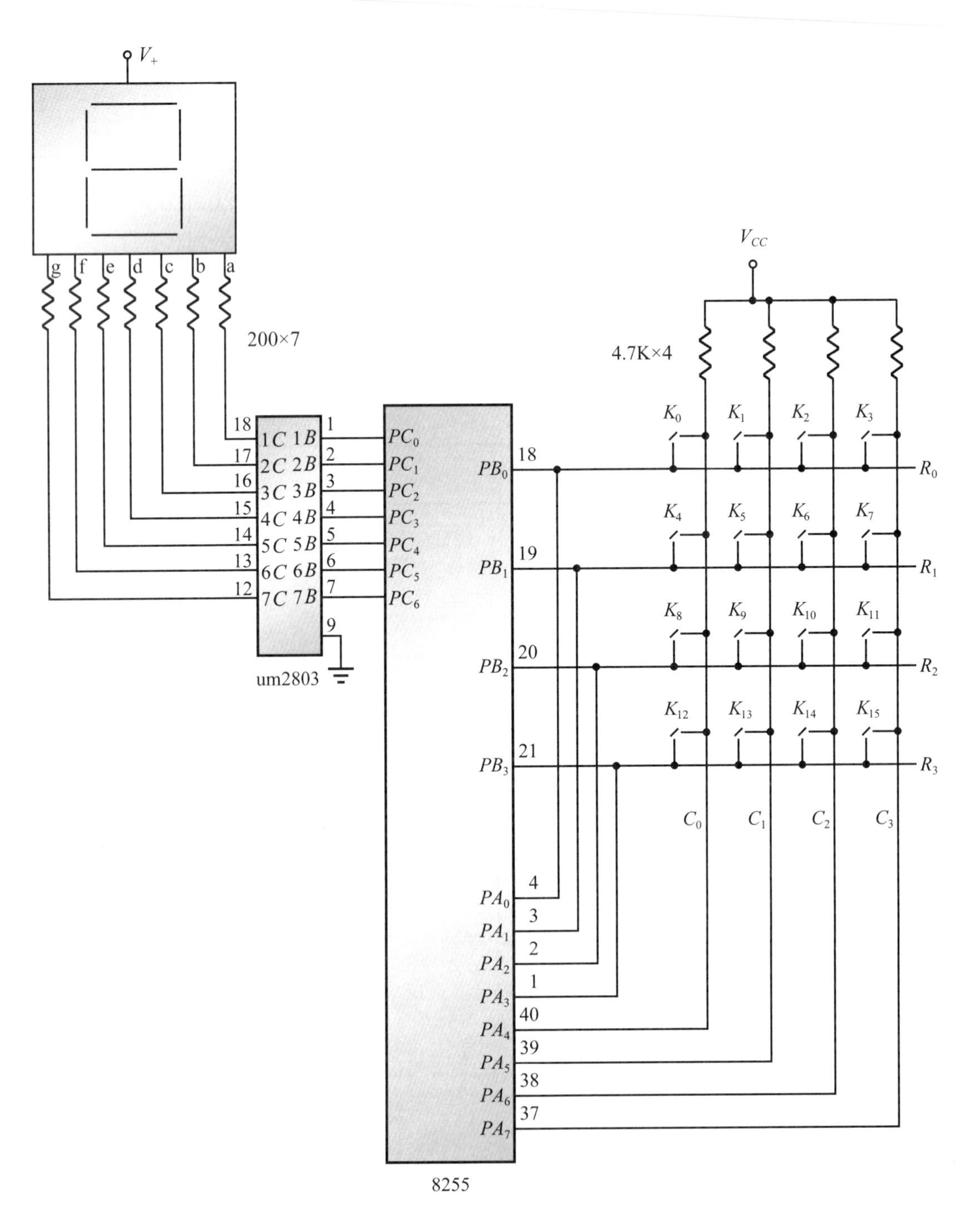

圖 4-6-3 鍵盤掃描電路

五、實驗程式設計

(一)畫面式設計

本實驗使用到四個物件，其中二個爲Command按鈕(執行和結束)，一個 Timer 和一個 Text 做輸出值顯示。如圖 4-6-4 所示。

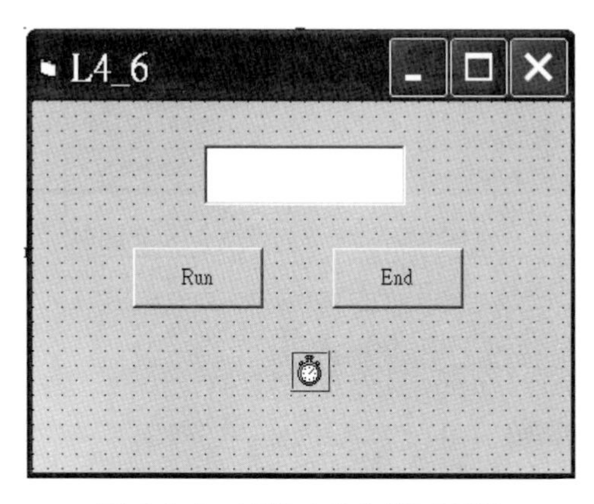

圖 4-6-4　實驗 4-6 之畫面設計

(二)程式設計

```
'    L4_6   8255 實驗， 4*4 Key 輸入，七段 LED 顯示控制實驗
'    Port A : input , Port B: Scan, Port C output to 7_Seg LED
```

(A)程式　IN_OUT 模組

```
1    Public Declare Function Inp Lib "inpout32.dll" _
2    Alias "Inp32" (ByVal PortAddress As Integer) As Integer
3    Public Declare Sub out Lib "inpout32.dll" _
4    Alias "Out32" (ByVal PortAddress As Integer, ByVal Value As Integer)
```

(B)主程式

```
1    Option Explicit
2    Dim PortAddress As Integer
3    Dim Cword As Integer
4    Dim A8255 As Integer
5    Dim Key_tab As Variant
6    Dim Scan As Variant
7    Dim LED_7seg As Variant
```

```
8    Dim Scan_value As Integer
9
10   Private Sub End_Click()
11     End
12   End Sub
13
14   Private Sub cmdRun_Click()
15     Timer1.Enabled = True
16   End Sub
17
18   Private Sub Form_Load()
19     Key_tab = Array(&HEE, &HDE, &HBE, &H7E, _
20                     &HED, &HDD, &HBD, &H7D, _
21                     &HEB, &HDB, &HBB, &H7B, _
22                     &HE7, &HD7, &HB7, &H77)
23     Scan = Array(&HE, &HD, &HB, &H7)
24     LED_7seg = Array(&H3F, &H6, &H5B, &H4F, _
25                      &H66, &H6D, &H7D, &H7, _
26                      &H7F, &H6F, &H77, &H7C, _
27                      &H58, &H5E, &H79, &H71)
28     Scan_value = 0
29     Cword = &H90                   'port A input & Port B output
30     A8255 = &H80
31     PortAddress = &H378
32     out PortAddress + 2, &H7
33     Out_addr_data A8255 + 3, Cword
34     Timer1.Enabled = False
35     Timer1.Interval = 1
36   End Sub
37
38   Private Sub timer1_Timer()
39     Dim Key_in, Temp, i As Integer
40     Out_addr_data A8255 + 2, &H0
41     Text1.Text = ""
42     For Scan_value = 0 To 3
43     Out_addr_data A8255 + 1, Scan(Scan_value)
44     Key_in = In_addr_data(A8255)
45     Temp = Key_in And &HF0
46     If Temp <> &HF0 Then
47       For i = 0 To 15
48         If Key_in = Key_tab(i) Then
49           Out_addr_data A8255 + 2, LED_7seg(i)
```

```
50          Text1.Text = i
51          Exit For
52        End If
53      Next i
54    End If
55    Next Scan_value
56  End Sub
57
58  Public Sub Out_addr_data(addr As Integer, data As Variant)
59    Dim i As Integer
60    out PortAddress + 2, &H7 'out mode & ALE, /RD, /WR no active
61    out PortAddress, addr    'send address
62    out PortAddress + 2, &HF 'send ALE=high
63    out PortAddress + 2, &H7 'send ALE=low
64    out PortAddress, data    'send data
65    out PortAddress + 2, &H6 'send /WR=low
66    For i = 0 To 100: Next i 'delay
67    out PortAddress + 2, &H7 'send /WR=high
68  End Sub
69
70  Public Function In_addr_data(addr As Integer)
71    Dim i, data As Integer
72    out PortAddress + 2, &H7  'out mode & ALE, /RD, /WR no active
73    out PortAddress, addr     'send address
74    out PortAddress + 2, &HF  'send ALE=high
75    out PortAddress + 2, &H7  'send ALE=low
76    out PortAddress, &HFF     'data port=&HFF for acting input
77    out PortAddress + 2, &H27 'set input mode
78    out PortAddress + 2, &H25 'send /RD=low
79    data = Inp(PortAddress)   'read data
80    out PortAddress + 2, &H27 'send /RD=high
81    In_addr_data = data
82  End Function
```

程式 4-6　4*4 Key 輸入，七段 LED 顯示控制實驗使用 8255

(三)程式說明：(B)主程式

行號	說明
1	Option Explicit 表示程式中的所有變數都必須宣告其資料型態。
2～8	整體變數宣告。
10～12	End_Click()為事件副程式。當滑鼠移到此物件(End)，並按下左鍵時，會激發執行而結束整個程式。
14～16	cmdRun_Click()事件副程式。
15	致能計時器 Timer1 開始計時。
18～36	當程式開始執行時，Form_Load()是第一個被執行的副程式。一般都作為變數初值的設定區。
19～22	對應掃瞄碼的按鍵資料。
23	按鍵掃瞄碼。
24～27	七段 LED 的顯示資料。
28～31	變數的初值設定。
31～33	設定 8255 的埠 A 為輸入，埠 B、C 為輸出。
34	Timer1 除能。
35	設定 Timer1 執行間隔為 1m Sec。
38～56	Timer1 副程式。
39	區域變數宣告。
40	使七段 LED 不亮。
42～55	偵測按鍵是否被按下和輸出對應資料顯示。
43	輸出檢查碼。
44	讀入鍵盤資料讀入的資料和按鍵資料(陣列 Key_tab 的內容)比較，相同時，輸出對應之七段顯示碼到埠 C。
45～54	將百位數由埠 C 輸出到七段顯示器顯示。
58～68	Out_addr_data()副程式，其說明請參閱第三章。
70～82	In_addr_data ()副程式，其說明請參閱第三章。

第5章

8255A 交握式資料傳輸

實驗 5-1：8255A 模式 1 交握式資料輸入

一、實驗目的

瞭解 8255A 模式 1 的規劃和交握式資料輸入。

二、實驗原理

8255A 模式 1 是閃控式的輸入／輸出，若規劃成輸入模式，則埠 A 及埠 B 可供輸入資料，埠 C 的 PC_0～PC_2 作爲埠 B 的控制線，PC_3～PC_5 則爲埠 A 的控制線，規劃圖如圖 5-1-1 所示，其個別的用法，分述如下：

1. 埠 A 設定爲輸入埠：
   (1) PA_0～PA_7：資料輸入。
   (2) PC_3：中斷請求信號(INTR)。
   (3) PC_4：輸入閃控信號($\overline{STB}$)。
   (4) PC_5：輸入緩衝器已滿信號(IBF)。
   (5) PC_6、PC_7：已配合埠 A 作二位元的輸入。
2. 埠 B 設定爲輸入埠：
   (1) PB_0～PB_7：資料輸入。
   (2) PC_0：中斷請求信號(INTR)。
   (3) PC_1：輸入緩衝器已滿信號(IBF)。
   (4) PC_2：輸入閃控信號($\overline{STB}$)。

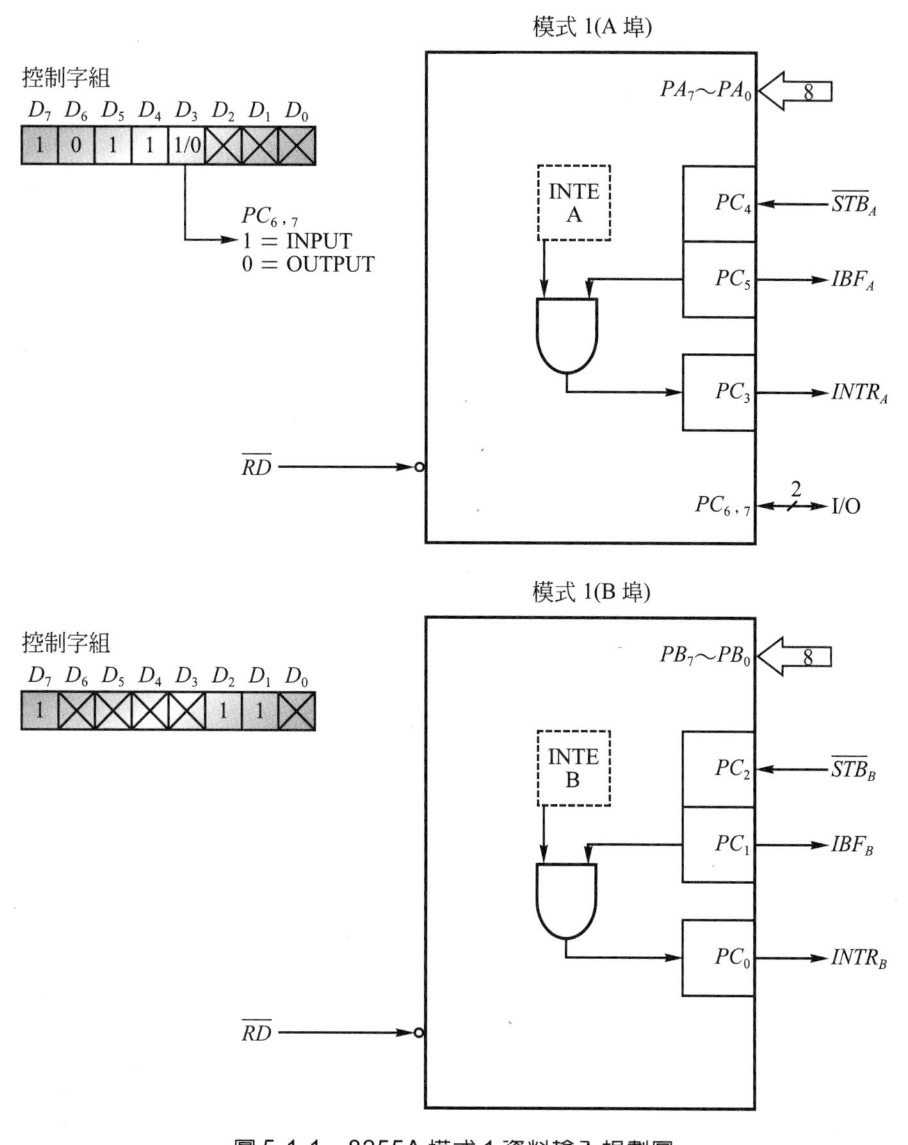

圖 5-1-1　8255A 模式 1 資料輸入規劃圖

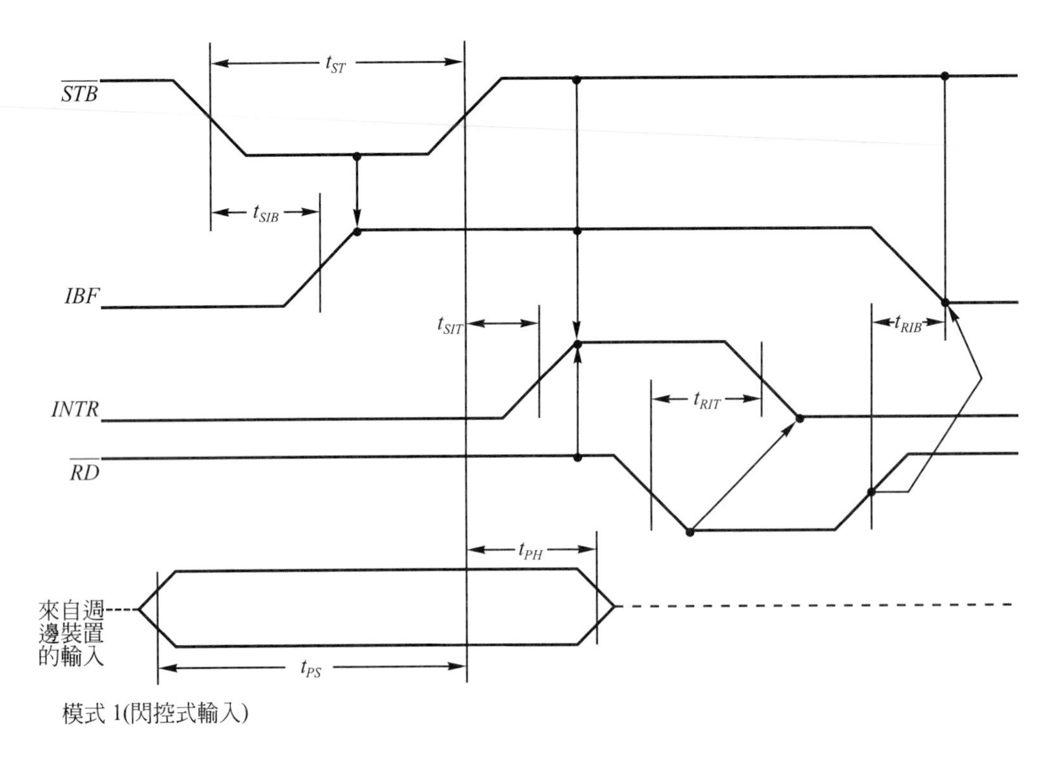

圖 5-1-2　模式 1 資料輸入時序圖

模式 1 輸入的時序圖，如圖 5-1-2 所示。其動作過程如下列所述：

1. 週邊裝置將資料傳送到 8255A 的輸入埠上。
2. 週邊裝置再發出$\overline{STB}$的閃控信號給 8255A，告知 8255A 資料備妥了，並將資料閂鎖在 8255A 的輸入埠上。
3. 8255A 收到資料後，即產生 IBF 的信號給週邊裝置，告知資料已滿，勿再傳送資料。
4. 8255A 然後發出 INTR 的信號給 CPU，要求 CPU 讀取 8255A 輸入埠上的資料。
5. CPU 以$\overline{RD}$將資料讀取。
6. 資料被讀取後，INTR、IBF 依序被設定為零，週邊裝置即可準備傳送下一筆資料了。

三、實驗功能

1. 設定指撥開關的數值。
2. 按下SW再放開，此時A點的電壓爲 ‾‾|__|‾‾ ，使74LS74輸出$\overline{STB}$信號。
3. 8255A準備接收資料，並發出IBF信號。
4. 讀取埠A上的資料，並由埠B輸出，將資料由LED顯示。

四、實驗電路

如圖5-1-3所示。電路中有使用到74LS74及74LS14二顆IC，其接腳和功能表如圖5-1-4、5-1-5所示。

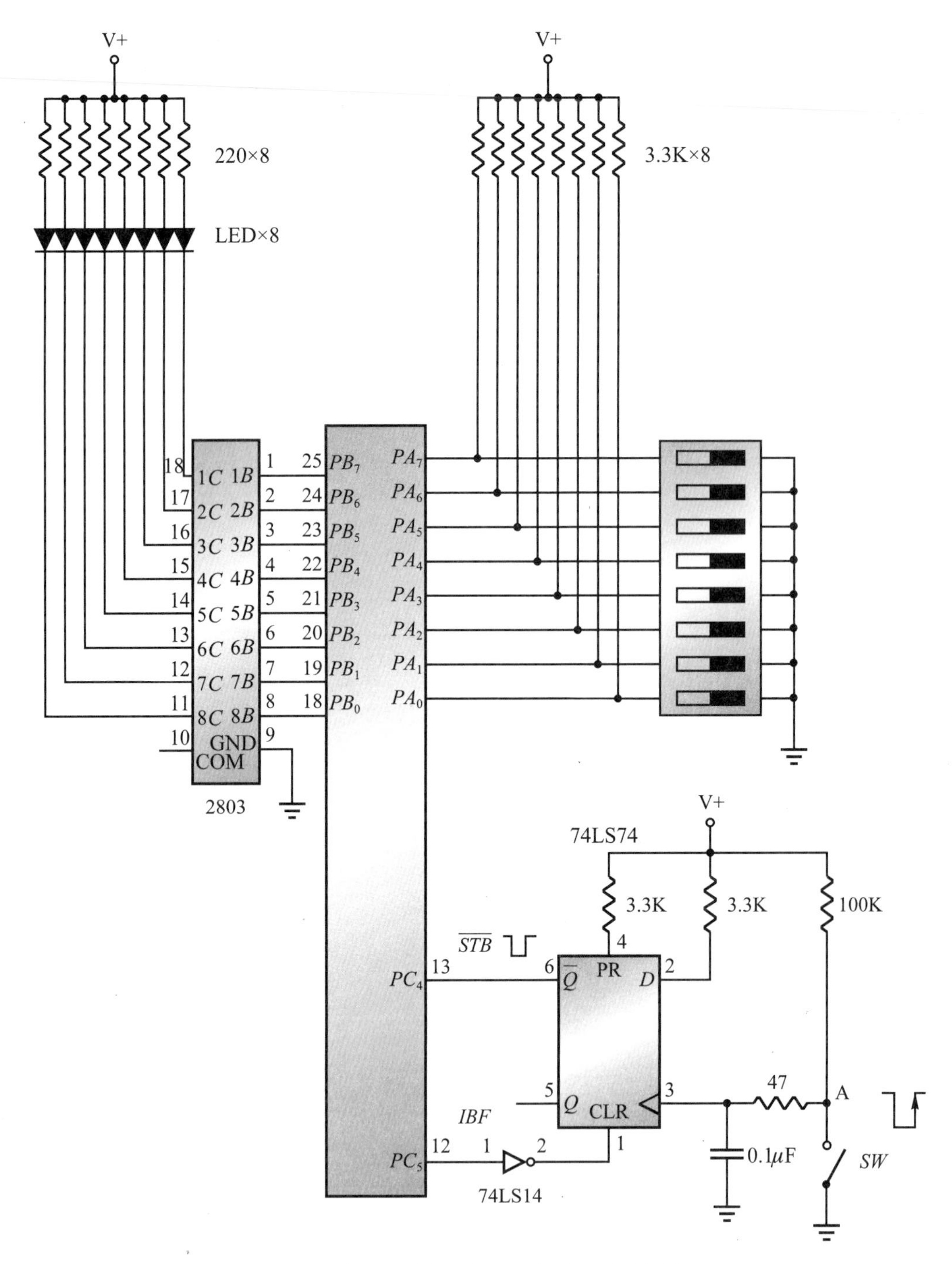

圖 5-1-3　8255A 模式 1 資料輸入電路圖

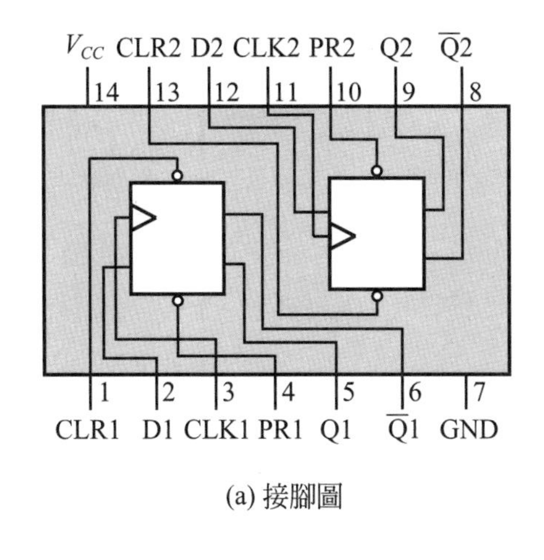

(a) 接腳圖

Inputs				Outputs	
PR	CLR	CLK	D	Q	$\overline{Q}$
L	H	×	×	H	L
H	L	×	×	L	H
L	L	×	×	H*	H*
H	H	↑	H	H	L
H	H	↑	L	L	H
H	H	L	×	Q_0	$\overline{Q}_0$

H=High Logic Level
×=Either Low or High Logic Level
L=Low Logic Level
↑=Positive-going Transition
* =This configuration is nonstable;that is,it will not persist when either the preset and/or clear inputs return to their inactive(high) level.
Q_0=The output logic level of Q before the indicated input conditions were established.

(b) 功能表

5-1-4 74LS74 的接腳圖及功能表

Connection Diagram

V_{CC} A6 Y6 A5 Y5 A4 Y4
14 13 12 11 10 9 8
1 2 3 4 5 6 7
A1 Y1 A2 Y2 A3 Y3 GND

(a) 接腳圖

Function Table

Y=$\overline{A}$

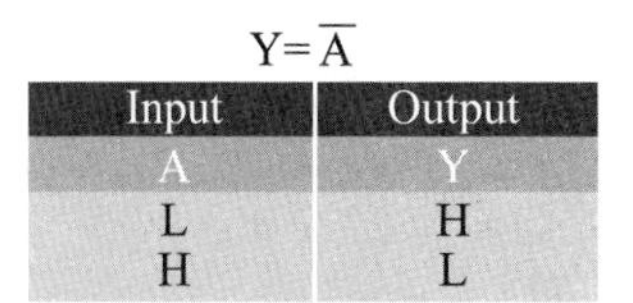

Input	Output
A	Y
L	H
H	L

H=HIGH Logic Level
L=LOW Logic Level

(b) 功能表

5-1-5 74LS14 的接腳圖及功能表

五、實驗程式設計

(一)畫面設計

本實驗使用到四個物件，其中二個爲Command按鈕(執行和結束)，和一個 Text 做輸出值顯示。如圖 5-1-6 所示。

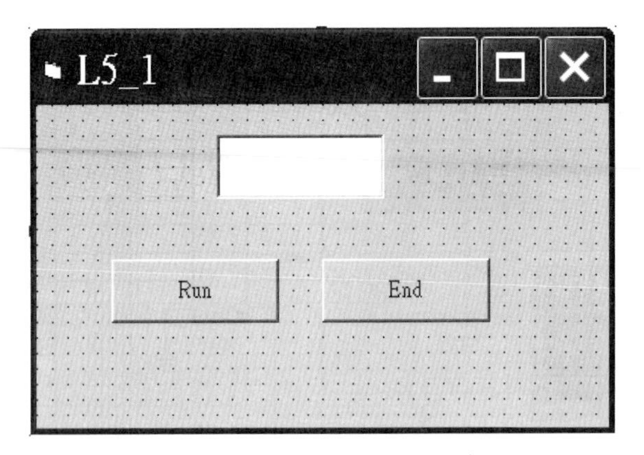

圖 5-1-6　實驗 5-1 之畫面設計

(二)程式設計

```
'   L5_1  8255 Mode 1 input 實驗，

(A)程式  IN_OUT 模組

1   Public Declare Function Inp Lib "inpout32.dll" _
2   Alias "Inp32" (ByVal PortAddress As Integer) As Integer
3   Public Declare Sub out Lib "inpout32.dll" _
4   Alias "Out32" (ByVal PortAddress As Integer, ByVal Value As Integer)


(B)主程式

1   Option Explicit
2   Dim PortAddress As Integer
3   Dim A8255 As Integer
4   Dim Cword As Integer
5
6   Private Sub CmdEnd_Click()
7     End
8   End Sub
9
10  Private Sub Form_Load()
11    Cword = &HB0
12    A8255 = &H80
13    PortAddress = &H378
14    out PortAddress + 2, &H7
15    Out_addr_data A8255 + 3, Cword
```

```
16  End Sub
17
18  Private Sub CmdRun_Click()
19    Dim PA, PC As Integer
20    While 1
21      PC = In_addr_data(A8255 + 2)
22      If ((PC And &H20) = &H20) Then
23          PA = In_addr_data(A8255)
24          Out_addr_data A8255 + 1, PA
25          Text1 = PA
26      End If
27      DoEvents
28    Wend
29  End Sub
30
31  Public Sub Out_addr_data(addr As Integer, data As Variant)
32    Dim i As Integer
33    out PortAddress + 2, &H7 'out mode & ALE, /RD, /WR no active
34    out PortAddress, addr    'send address
35    out PortAddress + 2, &HF 'send ALE=high
36    out PortAddress + 2, &H7 'send ALE=low
37    out PortAddress, data    'send data
38    out PortAddress + 2, &H6 'send /WR=low
39    For i = 0 To 100: Next i 'delay
40    out PortAddress + 2, &H7 'send /WR=high
41  End Sub
42
43  Public Function In_addr_data(addr As Integer)
44    Dim i, data As Integer
45    out PortAddress + 2, &H7  'out mode & ALE, /RD, /WR no active
46    out PortAddress, addr     'send address
47    out PortAddress + 2, &HF  'send ALE=high
48    out PortAddress + 2, &H7  'send ALE=low
49    out PortAddress, &HFF     'data port=&HFF for acting input
50    out PortAddress + 2, &H27 'set input mode
51    out PortAddress + 2, &H25 'send /RD=low
52    data = Inp(PortAddress)   'read data
53    out PortAddress + 2, &H27 'send /RD=high
54    In_addr_data = data
55  End Function
```

程式 5-1　8255 Mode 1 input 實驗

(三)程式說明：(B)主程式

行　號	說　　　　明
1	Option Explicit 表示程式中的所有變數都必須宣告其資料型態。
2～4	整體變數宣告。
6～8	CmdEnd_Click()為事件副程式。當滑鼠移到此物件(CmdEnd)，並按下左鍵時，會激發執行而結束整個程式。
10～16	當程式開始執行時，Form_Load()是第一個被執行的副程式。一般都作為變數初值的設定區。
11	Cword=&HB0是設定埠A為Mode 1 input ，埠B為Mode 0 output。
11～15	設定 8255 工作模式。
18～29	CmdRun_Click()事件副程式。
20～28	無限迴圈。
21～26	偵測IBF是否等於 1？當IBF=1時，讀取埠A的資料，並由埠B輸出。
31～41	Out_addr_data()副程式，其說明請參閱第三章。
43～55	In_addr_data ()副程式，其說明請參閱第三章。

實驗 5-2：8255A 模式 1 交握式資料輸出

一、實驗目的

瞭解 8255A 模式 1 的規劃與交握式資料輸出的技巧。

二、實驗原理

8255A 被設定成模式 1 輸出時，可由埠 A 或埠 B 作爲輸出埠，其規劃如圖 5-2-1 所示，如下所述：

1. 埠 A 被設定爲輸出埠。
   (1) $PA_0 \sim PA_7$：輸出資料。
   (2) PC_3：中斷請求信號(INTR)。
   (3) PC_6：資料認可信號($\overline{ACK}$)。
   (4) PC_7：輸出緩衝器已滿信號($\overline{OBF}$)
2. 埠 B 被設定爲輸出埠。
   (1) $PB_0 \sim PB_7$：輸出資料。
   (2) PC_0：中斷請求信號(INTR)。
   (3) PC_1：輸出緩衝器已滿信號($\overline{OBF}$)。
   (4) PC_2：資料認可信號($\overline{ACK}$)。

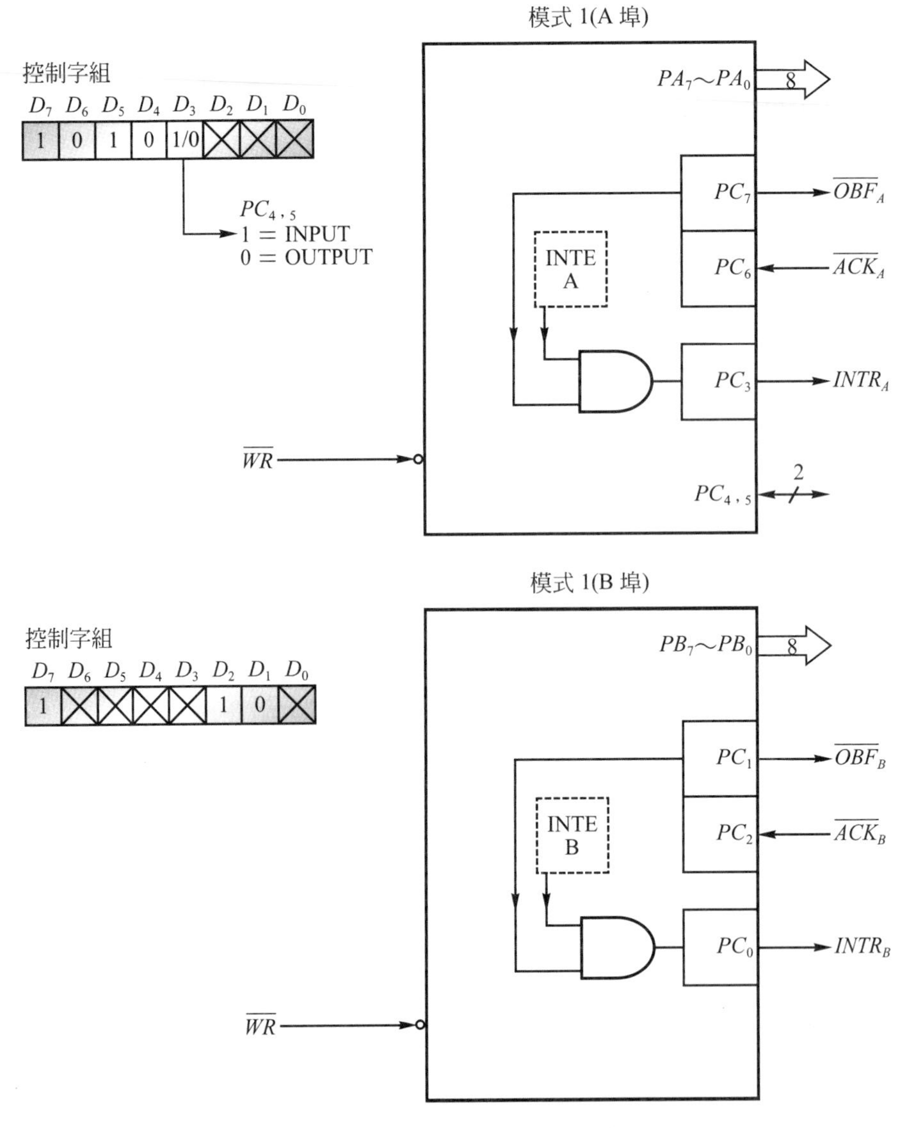

圖 5-2-1　8255A 模式 1 輸出規劃圖

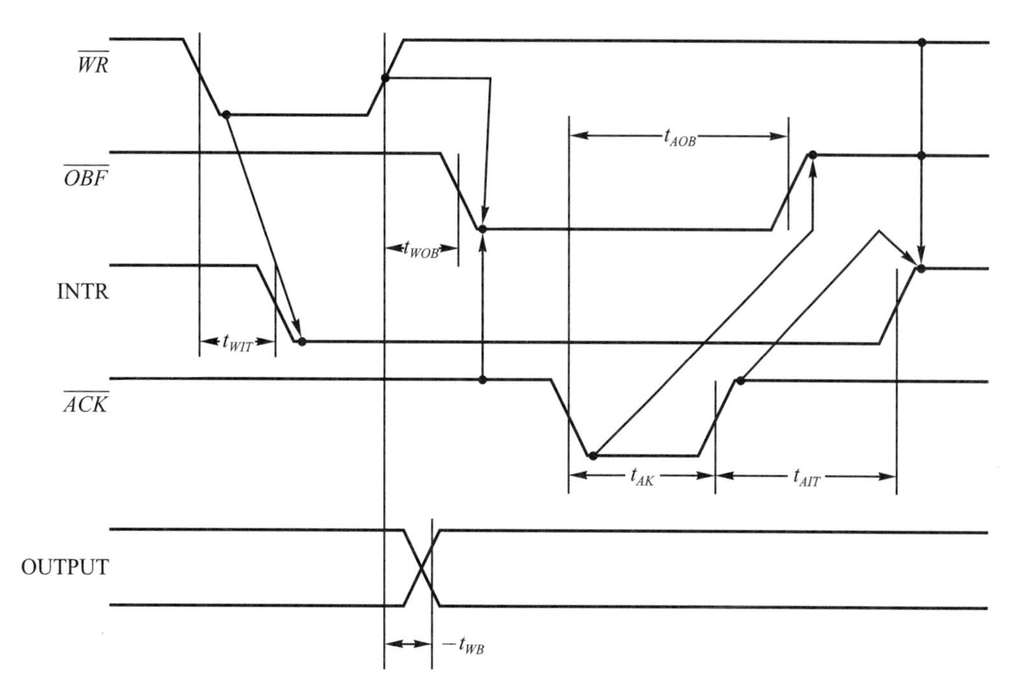

圖 5-2-2　模式 1 之輸出時序

模式 1 輸出的時序圖 5-2-2 所示，其動作過程如下所述：

1. CPU 以$\overline{WR}$將資料寫入 8255A 內。
2. INTR 信號被設定爲低電位。
3. 8255A 發出$\overline{OBF}$給週邊裝置，告知可接收資料了。
4. 週邊裝置接收資料，並發出$\overline{ACK}$給 8255A，表示資料已收到。
5. INTR 被設定爲高電位，告知 CPU 可再寫入下一筆資料。

三、實驗功能

1. CPU 將資料傳到 8255A 上。
2. 8255A 發出$\overline{OBF}$的信號，使 LED 亮，告知週邊裝置可接收資料。
3. 按下 *SW* 再放開，即發出$\overline{ACK}$的信號給 8255A，告知資料已收到了。

四、實驗電路

如圖 5-2-3 所示。

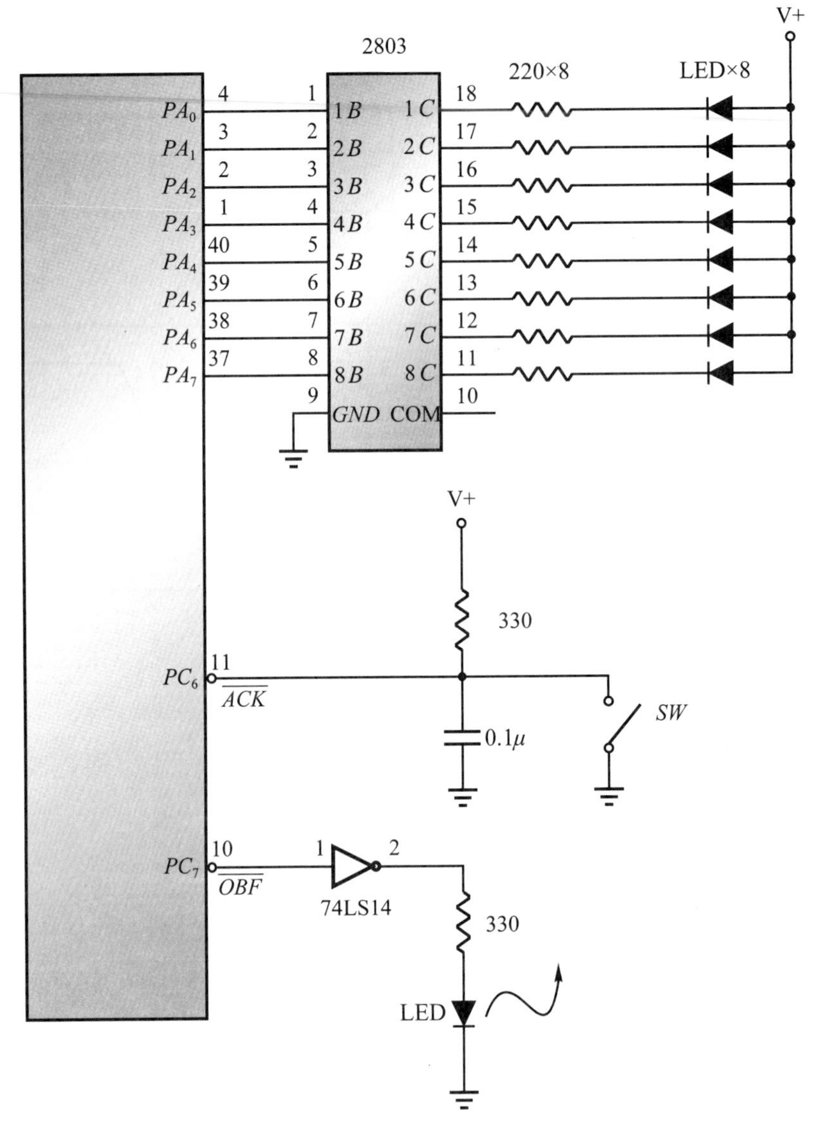

圖 5-2-3　模式 1 交握式資料輸出

五、實驗程式設計

(一)畫面設計

本實驗使用到三個物件，其中二個為Command按鈕(執行和結束)，和一個 Text 作輸出值顯示。如圖 5-2-4 所示。

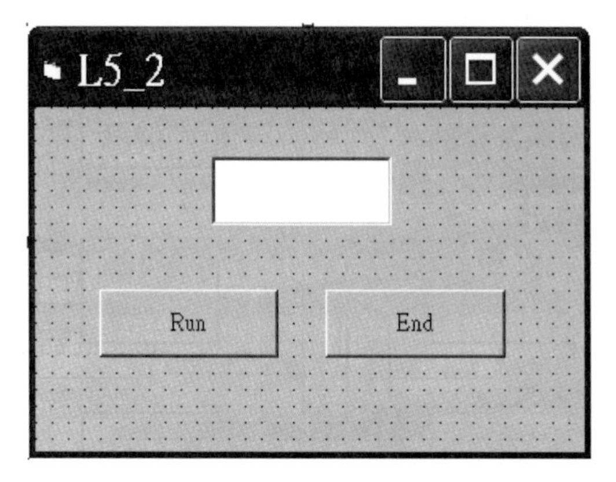

圖 5-2-4　實驗 5-2 之畫面設計

(二)程式設計

```
'   L5_2  8255 Mode 1 output 實驗，

(A)程式  IN_OUT 模組

1   Public Declare Function Inp Lib "inpout32.dll" _
2   Alias "Inp32" (ByVal PortAddress As Integer) As Integer
3   Public Declare Sub out Lib "inpout32.dll" _
4   Alias "Out32" (ByVal PortAddress As Integer, ByVal Value As Integer)


(B)主程式

1   Option Explicit
2   Dim PortAddress As Integer
3   Dim A8255 As Integer
4   Dim Cword As Integer
5   Dim Value As Integer
6
7   Private Sub CmdEnd_Click()
8     End
9   End Sub
9
10  Private Sub Form_Load()
11    Cword = &HA0
12    A8255 = &H80
13    PortAddress = &H378
```

```
14    out PortAddress + 2, &H7
15    Out_addr_data A8255 + 3, Cword
16  End Sub
17
18  Private Sub CmdRun_Click()
19    Dim PC As Integer
20    Value = 0
21    While 1
22      PC = In_addr_data(A8255 + 2)
23      Delay 4000
24      If ((PC And &H80) <> &H0) Then
25            Value = Value + 1
26            If Value = 256 Then
27                Value = 0
28            End If
29            Out_addr_data A8255, Value
30            Text1 = Value
31      End If
32      DoEvents
33    Wend
34  End Sub
35
36  Public Sub Out_addr_data(addr As Integer, data As Variant)
37    Dim i As Integer
38    out PortAddress + 2, &H7 'out mode & ALE, /RD, /WR no active
39    out PortAddress, addr    'send address
40    out PortAddress + 2, &HF 'send ALE=high
41    out PortAddress + 2, &H7 'send ALE=low
42    out PortAddress, data    'send data
43    out PortAddress + 2, &H6 'send /WR=low
44    For i = 0 To 100: Next i 'delay
45    out PortAddress + 2, &H7 'send /WR=high
46  End Sub
47
48  Public Function In_addr_data(addr As Integer)
49    Dim i, data As Integer
50    out PortAddress + 2, &H7  'out mode & ALE, /RD, /WR no active
51    out PortAddress, addr     'send address
52    out PortAddress + 2, &HF  'send ALE=high
53    out PortAddress + 2, &H7  'send ALE=low
54    out PortAddress, &HFF     'data port=&HFF for acting input
55    out PortAddress + 2, &H27 'set input mode
```

```
56    out PortAddress + 2, &H25 'send /RD=low
57    data = Inp(PortAddress)   'read data
58    out PortAddress + 2, &H27 'send /RD=high
59    In_addr_data = data
60  End Function
61
62  Public Sub Delay(t As Integer)
63    Dim t1, t2 As Integer
64    For t1 = 0 To t
65      For t2 = 0 To t : Next t2
66    Next t1
67  End Sub
```

程式 5-2　8255 Mode 1 output 實驗

(三)程式說明：(B)主程式

行　號	說　　　明
1	Option Explicit 表示程式中的所有變數都必須宣告其資料型態。
2～5	整體變數宣告。
7～9	CmdEnd_Click()爲事件副程式。當滑鼠移到此物件(CmdEnd)，並按下左鍵時，會激發執行而結束整個程式。
10～16	當程式開始執行時，Form_Load()是第一個被執行的副程式。一般都作爲變數初值的設定區。
11	Cword=&HA0 是規劃埠 A 爲 Mode 1 output ，埠 B 爲 Mode 0 output。
11～15	規劃 8255 的工作模式。
18～34	CmdRun_Click()事件副程式。
21～33	無限迴圈。
21～26	偵測 /OBF 是否等於 0？當 /OBF=0 時，將 Value 之值由埠 A 輸出。Value 的範圍爲 0~255。
32	釋放 CPU 執行權。
36～46	Out_addr_data()副程式，其說明請參閱第三章。
48～60	In_addr_data ()副程式，其說明請參閱第三章。
62～67	延遲副程式。

實驗 5-3：8255A模式 2 雙向交握式資料傳輸

一、實驗目的

瞭解 8255A 模式 2 的規劃和雙向交握式資料傳輸的技巧。

二、實驗原理

8255A 的模式 2 是雙向閃控的資料傳輸，即利用埠 A 同時作傳送或接收資料，並具有鎖定的功能，此外，埠 C 有 5 個位元作為埠 A 的控制與狀態線，規劃如圖 5-3-1 所示。其使用方法如下列所述：

1. 埠 A 作輸入時：
   (1) $PA_0 \sim PA_7$：資料輸入。
   (2) PC_4：輸入閃控信號($\overline{STB}$)。
   (3) PC_5：輸入緩衝器已滿信號(IBF)。
   (4) PC_3：中斷要求信號(INTR)。
2. 埠 A 作輸出時：
   (1) $PA_0 \sim PA_7$：資料輸出。
   (2) PC_7：輸出緩衝器已滿信號($\overline{OBF}$)。
   (3) PC_6：資料認可信號($\overline{ACK}$)。
   (4) PC_3：中斷要求信號(INTR)。

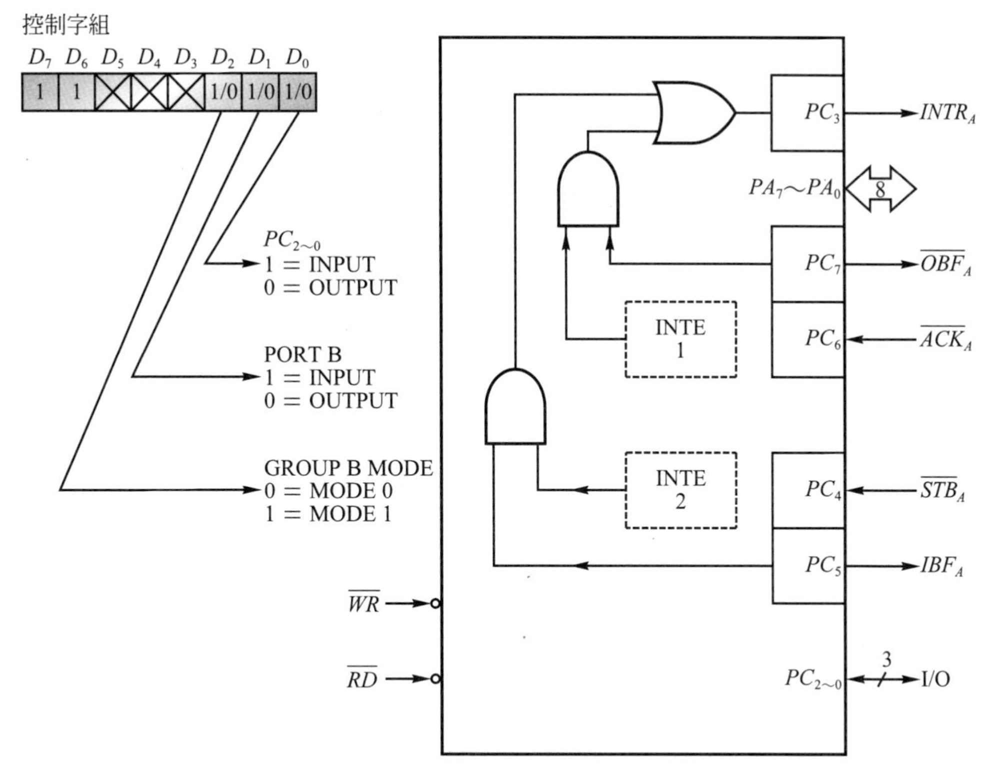

圖 5-3-1　8255A 模式 2 規劃圖

埠 A 的時序圖如圖 5-3-1 所示，其動作過程如下所述：

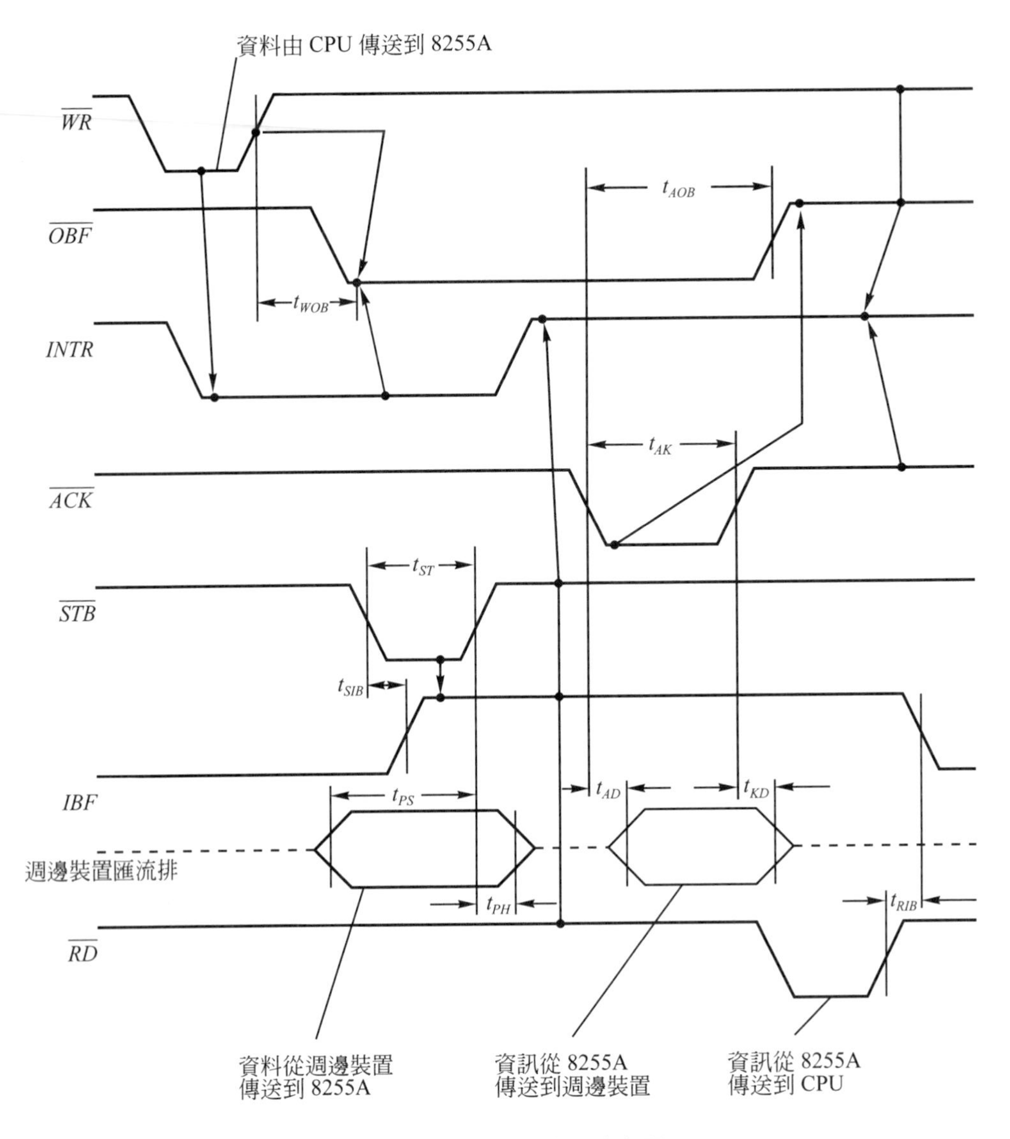

圖 5-3-2　8255A 模式 2 時序圖

1. 埠 A 作輸入時：

(1) 週邊裝置將資料傳送到 8255A 埠 A 上。

(2) 週邊裝置再發出$\overline{STB}$給 8255A，告知資料備妥，並將資料閂鎖在埠 A。

(3) 8255A 收到資料後，即發出 IBF 給週邊裝置，告知資料已滿，不要再傳送資料。

(4) 8255A 接著發出 INTR 給 CPU，要求 CPU 讀取埠 A 的資料。

(5) CPU 以$\overline{RD}$讀取埠 A 的資料。

2. 埠 A 作輸出時：

(1) CPU 以$\overline{WR}$將資料寫入 8255A 埠 A 上。

(2) 8255A 發出$\overline{OBF}$給週邊設備，告知準備接收資料。

(3) 週邊設備自埠A接收資料，並發出$\overline{ACK}$給 8255A，表示資料已收到。

(4) INTR 被設定爲高電位，告知 CPU 可再寫入下一筆資料。

三、實驗功能

1. 由指撥開關設定資料。
2. 按下SW_2再放開。
3. 8255A 埠 A 接收資料。
4. CPU 自埠 A 讀取資料。
5. CPU 偵測$\overline{OBF}=0$？否：則將讀取的資料再由埠 A 輸出。
6. 按下SW_1再放開。
7. 資料則顯示在 LED 上，此時值應與指撥開關設定相同。

四、實驗電路

電路如圖 5-3-3 所示。電路中有使用到 74LS374 其接腳圖及功能表如圖 5-3-4。

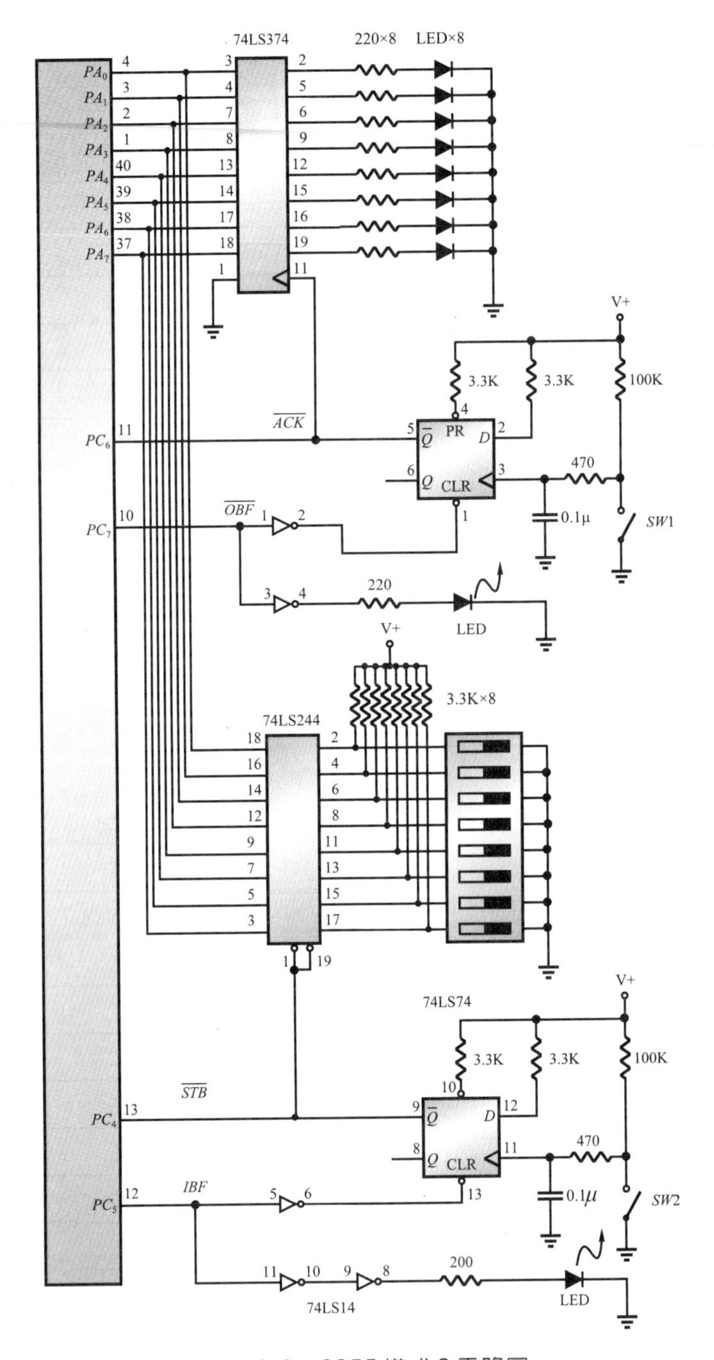

圖 5-3-3　8255 模式 2 電路圖

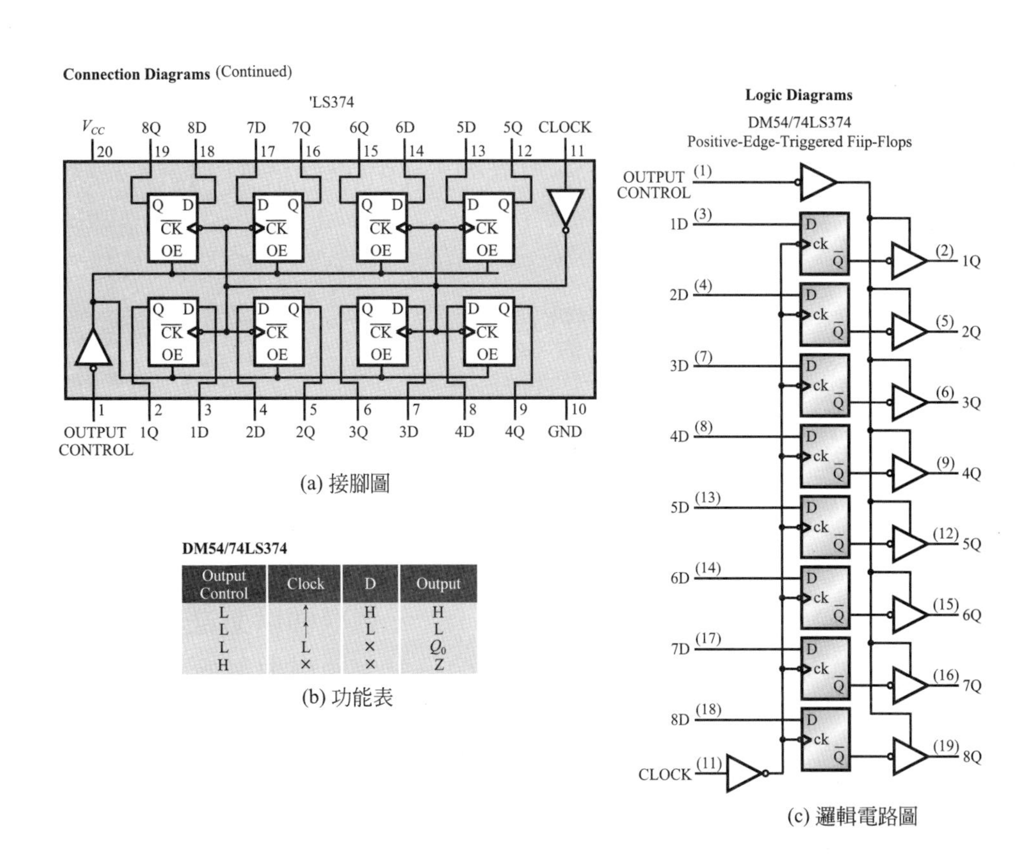

(a) 接腳圖

DM54/74LS374

Output Control	Clock	D	Output
L	↑	H	H
L	↑	L	L
L	L	×	Q_0
H	×	×	Z

(b) 功能表

(c) 邏輯電路圖

圖 5-3-4　74LS374 接腳圖及功能表

五、實驗程式設計

(一)畫面設計

本實驗使用到三個物件，其中二個為Command按鈕(執行和結束)，和一個 Text 做輸出值顯示。如圖 5-3-5 所示。

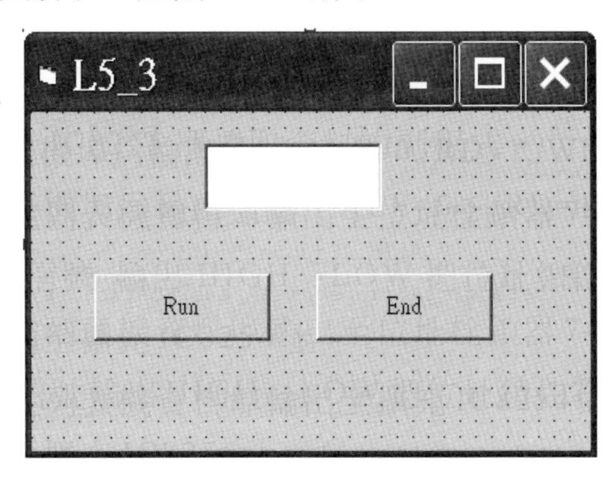

圖 5-3-5　實驗 5-3 之畫面設計

(二)程式設計

```
'    L5_3  8255 Mode 2 實驗'
```

(A)程式　IN_OUT 模組

```
1    Public Declare Function Inp Lib "inpout32.dll" _
2    Alias "Inp32" (ByVal PortAddress As Integer) As Integer
3    Public Declare Sub out Lib "inpout32.dll" _
4    Alias "Out32" (ByVal PortAddress As Integer, ByVal Value As Integer)
```

(B)主程式

```
1    Option Explicit
2    Dim PortAddress As Integer
3    Dim A8255 As Integer
4    Dim Cword As Integer
5    Dim Value As Integer
6    Dim IBF As Integer
7
8    Private Sub CmdEnd_Click()
9      End
10   End Sub
11
12   Private Sub Form_Load()
13     Cword = &HC0
14     IBF = &H20
15     A8255 = &H80
16     PortAddress = &H378
17     out PortAddress + 2, &H7
18     Out_addr_data A8255 + 3, Cword
19   End Sub
20
21   Private Sub CmdRun_Click()
22     Dim PC, Flag As Integer
23     Value = 0
24     Flag = 0   'there are data input when Flag=1
25     While 1
26       While Flag = 0
27         PC = In_addr_data(A8255 + 2)
28         If ((PC And IBF) <> &H0) Then
29              Value = In_addr_data(A8255)
```

```
30              Flag = 1
31              Text1 = Value
32          End If
33          DoEvents
34        Wend
35        While Flag = 1
36          PC = In_addr_data(A8255 + 2)
37          If ((PC And &H80) <> &H0) Then
38             Out_addr_data A8255, Value
39             Flag = 0
40          End If
41          DoEvents
42        Wend
43      Wend
44    End Sub
45
46    Public Sub Out_addr_data(addr As Integer, data As Variant)
47      Dim i As Integer
48      out PortAddress + 2, &H7 'out mode & ALE, /RD, /WR no active
49      out PortAddress, addr    'send address
50      out PortAddress + 2, &HF 'send ALE=high
51      out PortAddress + 2, &H7 'send ALE=low
52      out PortAddress, data    'send data
53      out PortAddress + 2, &H6 'send /WR=low
54      For i = 0 To 100: Next i 'delay
55      out PortAddress + 2, &H7 'send /WR=high
56    End Sub
57
58    Public Function In_addr_data(addr As Integer)
59      Dim i, data As Integer
60      out PortAddress + 2, &H7  'out mode & ALE, /RD, /WR no active
61      out PortAddress, addr     'send address
62      out PortAddress + 2, &HF  'send ALE=high
63      out PortAddress + 2, &H7  'send ALE=low
64      out PortAddress, &HFF     'data port=&HFF for acting input
65      out PortAddress + 2, &H27 'set input mode
66      out PortAddress + 2, &H25 'send /RD=low
67      data = Inp(PortAddress)   'read data
68      out PortAddress + 2, &H27 'send /RD=high
69      In_addr_data = data
70    End Function
```

程式 5-3　8255 Mode 2 實驗

(三)程式說明：(B)主程式

行號	說明
1	Option Explicit 表示程式中的所有變數都必須宣告其資料型態。
2～6	整體變數宣告。
8～10	CmdEnd_Click()為事件副程式。當滑鼠移到此物件(CmdEnd)，並按下左鍵時，會激發執行而結束整個程式。
12～19	當程式開始執行時，Form_Load()是第一個被執行的副程式。一般都作為變數初值的設定區。
13	Cword=&HC0 是規劃埠 A 為 Mode 2 ，埠 B 為 Mode 0 output。
13～18	規劃 8255 的工作模式。
18～34	CmdRun_Click()事件副程式。
24	flag=1 時表示有資料輸入了，可以將資料輸出。
25～43	無限迴圈。
26～34	偵測 IBF 是否等於 1？Yes：則讀取埠 A 資料和令 flag=1。
35～42	偵測 /OBF 是否等於 0？No：則輸出剛剛讀取的資料到埠 A 和令 flag=0。
33，41	釋放 CPU 執行權。
46～56	Out_addr_data()副程式，其說明請參閱第三章。
58～70	In_addr_data ()副程式，其說明請參閱第三章。

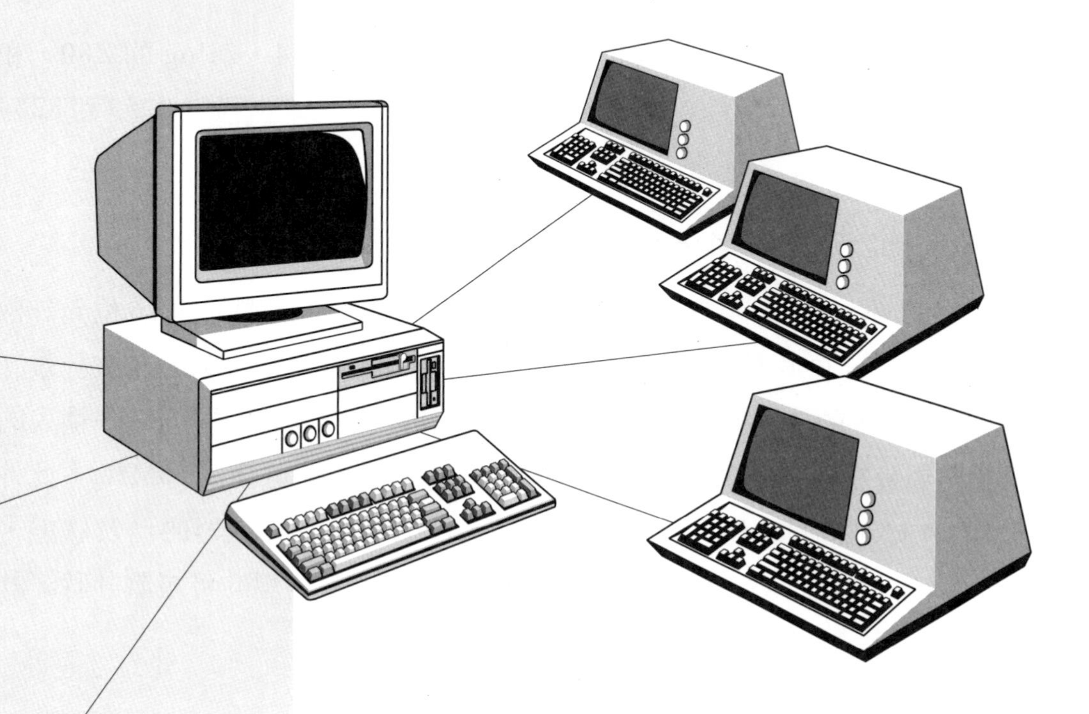

第6章

可規劃計時／計數器

◇ 6-1 簡 介

計數器(counter)和計時器(timer)是個人電腦及微處理系統常用的電子元件，一般常將這兩種電路製作在一個晶片上，稱之為CTC(counter&timer circuit)元件。

市面上常見的 CTC 晶片包括 Intel 的 8253、8254，Zilog 的 Z80，和 Motorola的 6840。因為CTC晶片的功能大同小異，本文僅就 8253 和 8254 作一介紹。

❑ 6-1-1 8253/8254 晶片

8253 和 8254 晶片具有產生脈波的功能，其由 3 個獨立的 16 位元計數器所組成，擁有 6 種計數模式，可以二進位或十進位(BCD)方式來計數。8253 和 8254 的 IC 接腳相同，內部結構相同，主要的差異是 8253 輸入的時脈頻率最高為 2.6MHz，而 8254 輸入的時脈頻率則可高達 10MHz。此外 8254 具有回讀的功能，可於必要時鎖定(latch)所有計數器的值及狀態，8253 則無此功能。整體而言，8253/8254 是個相當理想的可規劃計時／計數器。

8253/8254 的內部結構如圖 6-1 所示，包括：

1. 資料匯流排緩衝器。
2. 讀／寫邏輯。控制 IC 的讀寫與定址動作。
3. 控制字組暫存器。控制每個計數器的工作模式。
4. 計數器。計數器 0、1 和 2 均為 16 位元的可預設下數計數器，可設定為計數或計時的功能。

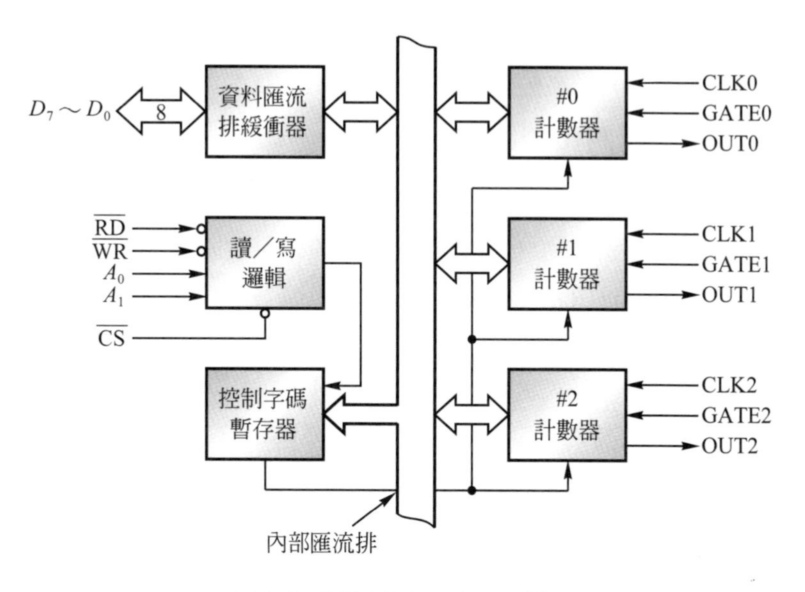

圖 6-1　8253/8254 內部結構圖

8253/8254 是 24 腳 DIP 包裝的 LSI 晶片如圖 6-2 所示，其各接腳的功能如下述所列：

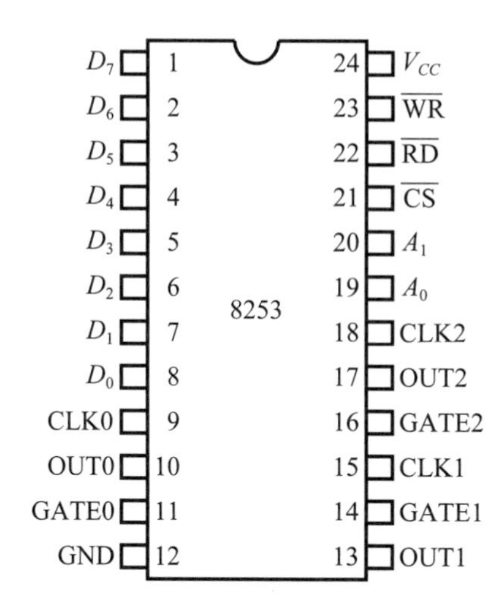

圖 6-2　8253/8254 接腳圖

1. $D_0 \sim D_7$：資料匯流排。
2. CLK0～CLK2：計數器的時脈輸入。
3. GATE0～GATE2：計數器輸入時脈的閘控輸入。
4. OUT0～OUT2：計數器的輸出。

5. $\overline{CS}$：晶片選擇。

6. $\overline{WR}$：資料寫入控制線。

7. $\overline{RD}$：資料讀出控制線。

8. A_0，A_1：計數器的選擇線。

8253/8254的讀寫與定址控制如圖6-3所示，$\overline{RD}$及$\overline{WR}$可控制讀寫的動作，而A_0、A_1則用來選擇計數器或控制字組暫存器。

$\overline{CS}$	$\overline{RD}$	$\overline{WR}$	A_1	A_0	功　能
0	1	0	0	0	載入計數器0
0	1	0	0	1	載入計數器1
0	1	0	1	0	載入計數器2
0	1	0	1	1	載入控制字組暫存器
0	0	1	0	0	讀取計數器0
0	0	1	0	1	讀取計數器1
0	0	1	1	0	讀取計數器2
0	0	1	1	1	無動作
1	X	X	X	X	禁能
0	1	1	X	X	無動作

圖6-3　8253/8254定址與讀寫控制

8253/8254共有六種不同的操作模式：

1. 模式0：數完時中斷。(Interrupt On Terminal Count)。
2. 模式1：可程式單擊。(Hardware Retriggerable One Shot)。
3. 模式2：時脈產生器。(Rate Generator)。
4. 模式3：方波產生器。(Square Wave Mode)。
5. 模式4：軟體觸發擷取。(Software Triggered strobe)。
6. 模式5：硬體觸發擷取。(Hardwave Retriggerable strobe)。

不同的模式需要不同的控制字組，控制字組的格式可分爲計數器選擇、讀寫控制、操作模式、BCD 或二進位計數等四部份，規劃的方式如圖 6-4 所示。規劃好的控制字組必須先寫到控制暫存器，然後，才將計數值寫入計數器內，若計數值爲 8 位元則須指定寫入的是高位元組成低位元組，若計數值爲 16 位元則先寫入低位元組，再寫入高位元組。因爲每一個計數器都是個別規劃，所以輸出端會根據設定的模式和計數值而產生對應的脈波信號。

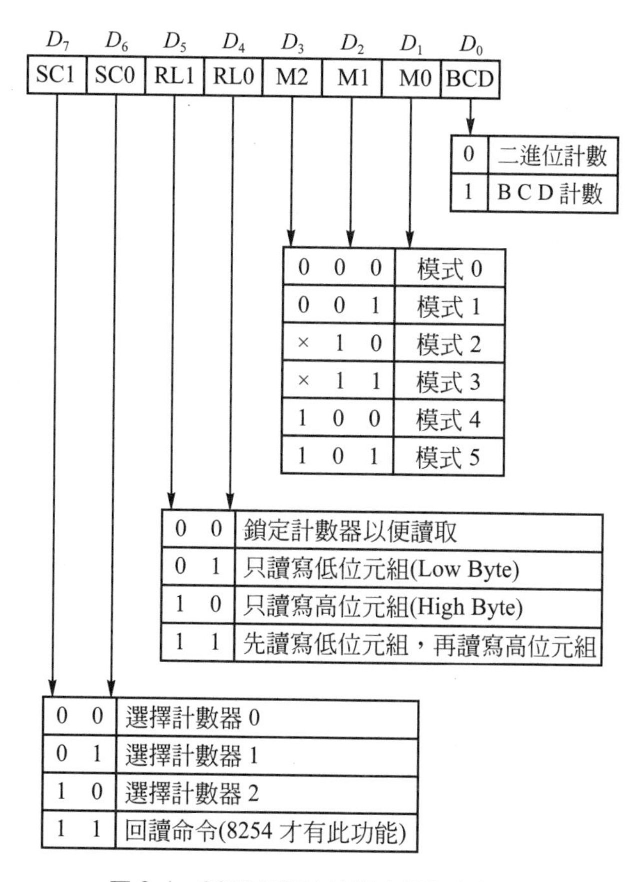

圖 6-4　8253/8254 控制字組規劃格式

實驗 6-1：方波產生器

一、實驗目的

瞭解 8253/8254 模式 3 方波產生器的設定方法。

二、實驗原理

8253/8254 工作於模式 3 時可輸出方波，其動作時序圖如圖 6-1-1 所示。計數器的設定值即為方波的週期，可就其為偶數或奇數，來分別討論其輸出波形。

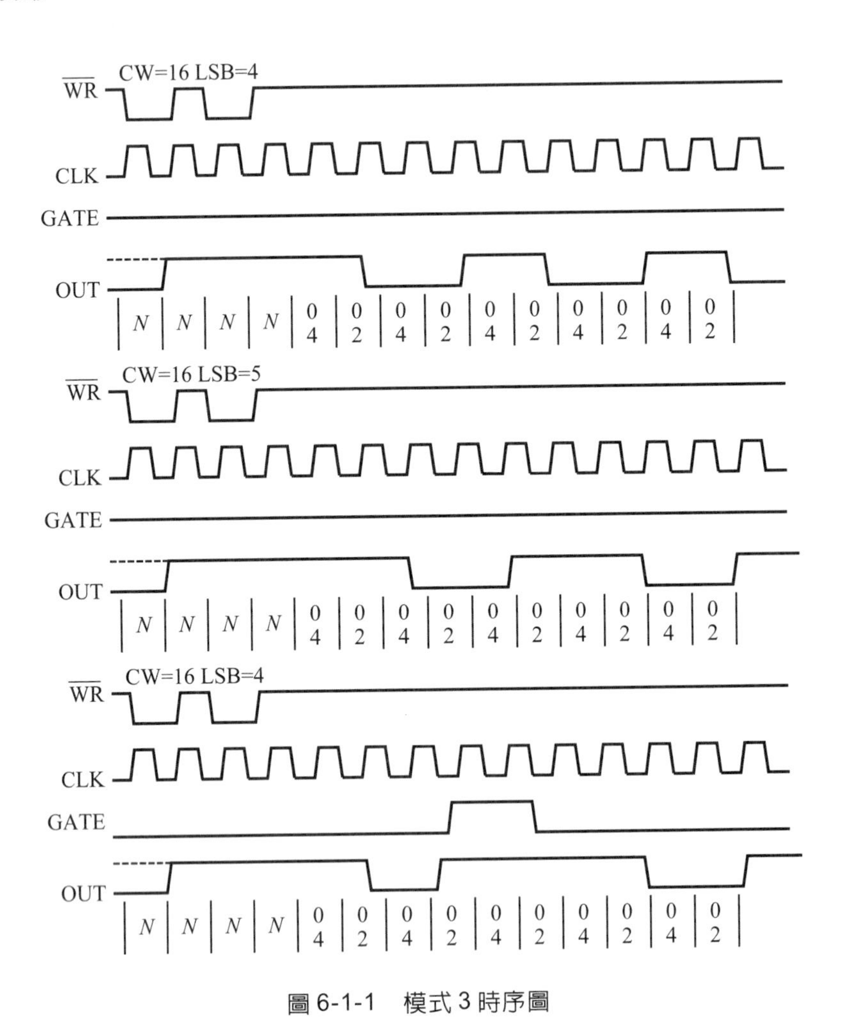

圖 6-1-1　模式 3 時序圖

1. 計數值爲偶數

在計數值載入計數器之前，計數器輸出端(out)維持高電位，當計數值載入後，計數器開始倒數計數，並隨時脈的下緣，其計數值每次減2，當計數值減至2時，out端輸出低電位。同時原來的計數值又重新被載入計數器內，而重覆上述的計數過程，每計數值減至2時，out端輸出反相。因此out端就產生了Duty Cycle爲50％的方波輸出。

2. 計數值爲奇數

當計數值爲奇數，out端先輸出高電位，在第一個時脈時計數器減1，接著每個時脈都減2，直到計數值爲0，out端才輸出低電位。同時計數值重新被載入計數器內，而重覆上述的動作，惟計數值被減至2時，out 端即改變電壓輸出。所以當計數值(N)爲奇數時，輸出的高電位爲$(N+1)\div 2$次，低電位爲$(N-1)\div 2$次。

上述的計數過程中，GATE 端須接高電位，否則計數器會停止計數，直到GATE端恢復爲高電位爲止。

三、實驗功能

8253/8254以模式3方波產生器動作，使移位器上的LED能以1Hz的頻率，不停的作右移的動作。

四、實驗電路

如圖6-1-2所示，首先設定計數器0、1爲模式3，並由CLK0端輸入4.096MHz的頻率，經計數值爲4096除頻後，得out0的方波輸出頻率爲1000Hz(4.096MHz÷4096 = 1000Hz)，再由out0接到CLK1，令計數器1的計數值爲1000，則out1輸出1Hz的方波(1000Hz÷1000 = 1Hz)，最後將out1移到移位器74164的CLK端，則能提供1Hz的時脈，藉此，移位器即能正常的動作，LED能以1Hz的頻率周而復始地向右移位。

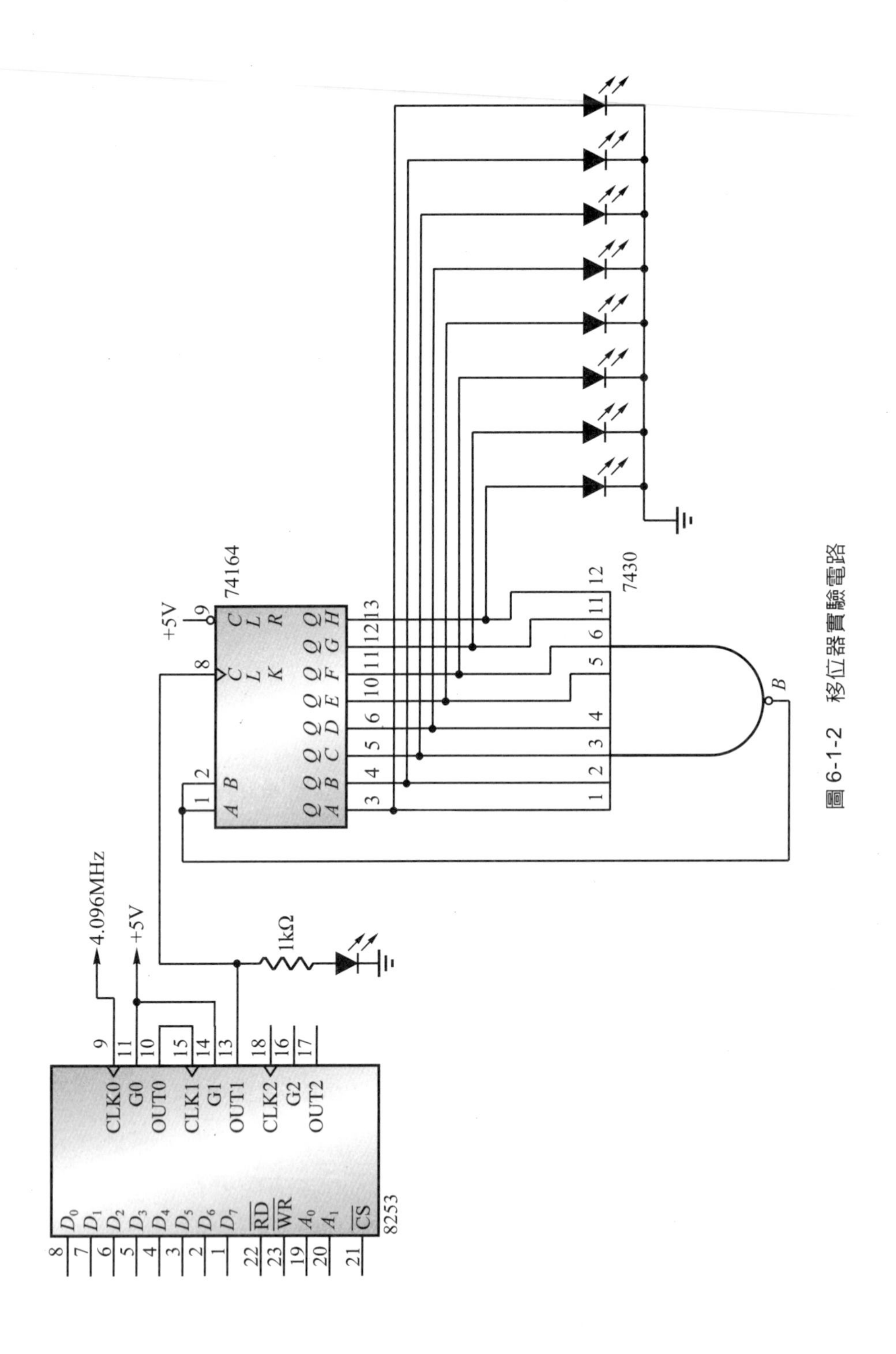

圖 6-1-2 移位器實驗電路

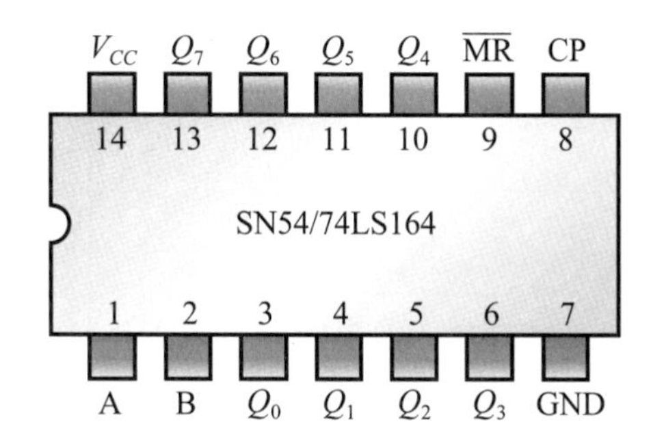

MODE SELECT — TRUTH TABLE

OPERATING MODE	INPUTS			OUTPUTS	
	$\overline{MR}$	A	B	Q_0	Q_1-Q_7
Reset (Clear)	L	×	×	L	L−L
Shift	H	l	l	L	q_0-q_6
	H	l	h	L	q_0-q_6
	H	h	l	L	q_0-q_6
	H	h	h	H	q_0-q_6

L(l)=LOW Voltage Levels
H(h)=HIGH Voltage Levels
×=Don't Care
q_n=Lower case letters indicate the state of referenced input or output one set-up time prior to the LOW to HIGH clock transition.

圖 6-1-3　74164 接腳圖及真值表

五、實驗程式設計

(一)畫面設計

本實驗使用到二個物件，分別為執行Command按鈕和結束Command按鈕。如圖 6-1-4 所示。

圖 6-1-4　實驗 6-1 之畫面設計

(二)程式設計

```
'   L6_1 方波產生器控制實驗，使用 8254。
'   設定 TIMER0,1 爲 MODE 3 。
```

(A)程式　IN_OUT 模組

```
1   Public Declare Function Inp Lib "inpout32.dll" _
2   Alias "Inp32" (ByVal PortAddress As Integer) As Integer
3   Public Declare Sub out Lib "inpout32.dll" _
4   Alias "Out32" (ByVal PortAddress As Integer, ByVal Value As Integer)
```

(B)主程式

```
1   Option Explicit
2   Dim PortAddress As Integer
3   Dim P8254 As Integer
4   Dim Cword0 As Integer
5   Dim Cword1 As Integer
6
7   Private Sub Command1_Click()
8   PortAddress = &H378
9   out PortAddress + 2, &H7
10  P8254 = &HA0
11  Cword0 = &H36
12  Cword1 = &HB6
13  Call Out_addr_data(P8254 + 3, Cword0)
14  Call Out_addr_data(P8254, &H0)
15  Call Out_addr_data(P8254, &H10)
16  Call Out_addr_data(P8254 + 3, Cword1)
17  Call Out_addr_data(P8254 + 1, &HE8)
18  Call Out_addr_data(P8254 + 1, &H3)
19  End Sub
20
21  Private Sub Command2_Click()
22  End
23  End Sub
24
25  Public Sub Out_addr_data(addr As Integer, data As Variant)
26    Dim i As Integer
27    out PortAddress + 2, &H7 'out mode & ALE, /RD, /WR no active
28    out PortAddress, addr    'send address
29    out PortAddress + 2, &HF 'send ALE=high
```

```
30    out PortAddress + 2, &H7 'send ALE=low
31    out PortAddress, data    'send data
32    out PortAddress + 2, &H6 'send /WR=low
33    For i = 0 To 100         'delay
34    Next i
35    out PortAddress + 2, &H7 'send /WR=high
36  End Sub
```

程式6-1　L6_1方波產生器控制實驗

(三)程式說明：(B)主程式

行　號	說　　明
1	強迫程式使用中的變數都必須宣告。
2～5	宣告使用的變數。
7～19	執行物件的副程式,主要是TIMER0,1爲MODE 3 設定8254爲方波產生器。
8	設定列表機埠位址爲378H。
9	設定列表機埠爲輸出模式。
10	設定8254的起始位址爲A0H。
11～12	設定8254TIMER0,1爲MODE 3 方波產生器的控制碼。
13～15	設定8254TIMER0的除頻碼爲1000H=4096。
16～18	設定8254TIMER1的除頻碼爲03E8H=1000。
19	震盪頻率爲4.096M÷4096÷1000=1Hz方波輸出。
21～23	結束物件的副程式,命令程式停止執行回到編輯狀態。
25～36	將位址及資料寫入擴充IC8254裡的副程式。
27	設定列表機埠爲輸出模式,ALE=0,/RD=1,/WR=1爲不作用狀態。
28	將位址從列表機資料埠輸出至位址栓鎖器74373上。
29～30	將ALE信號 輸出HIGH→LOW把位址鎖住在74373上，將指定位址送至擴充IC8254上。
31	將資料從列表機資料埠輸出至擴充IC8254的資料匯流排上。
32～35	將/WR輸出LOW→HIGH把資料寫入定址的暫存器裡。

六、問題

1. 利用 8254 做為計數器，經由微電腦讀回計數值，並以多工方式利用 8255 埠顯示二位數計數值，其中 8254 的計數頻率由一單擊電路來完成，每按 SW 一次產生一單擊脈波讓 8254 減一，另利用 8255 PC ϕ 做為計數器預設值載入動作。參考電路如下圖 6-1-5 所示。

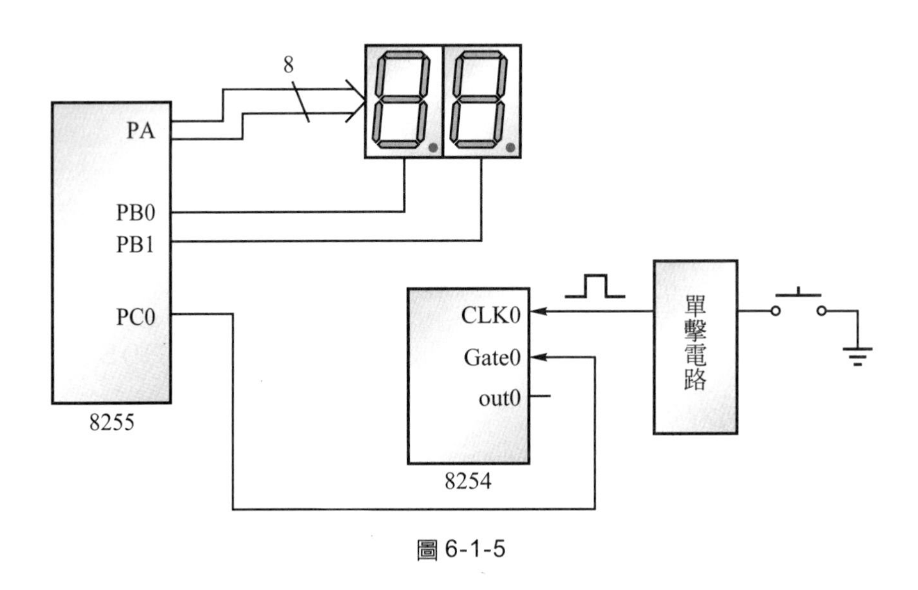

圖 6-1-5

2. 設計一四位數計數器，將上題七段增加為四位數。
3. 設計一倒數式的計數器。

實驗 6-2：電腦音樂

一、實驗目的

瞭解8253/8254模式3在聲音控制上的應用。

二、實驗原理

8253/8254 模式 3 能依一計數值而產生固定頻率的方波，將方波接到喇叭線路，則喇叭能發出此一頻率的音調，因此，我們可提供不同的計數值，使 8253/8254 輸出不同頻率的方波，因而喇叭即能產生多種的聲音，並達到音樂的效果。

從表 6-2-1 可查知各音階符號所需的頻率值，再依以下公式轉換成8253/8254的計數值。

$$8253\text{計數器的頻率}=\frac{\text{輸入頻率}}{\text{計數值}}\cdots\cdots①$$

$$\text{各音符的頻率}=8253\text{計數器的頻率}\cdots\cdots②$$

由①②得知

$$\text{各音符的頻率}=\frac{\text{輸入頻率}}{\text{計數值}}\cdots\cdots③$$

即

$$\text{計數值}=\frac{\text{輸入頻率}}{\text{各音符的頻率}}\cdots\cdots④$$

表 6-2-1　音符頻率表

音符	音階	頻率	音符	音階	頻率
C	1	32.703	C	3	130.812
C#	1	34.648	C#	3	138.592
D	1	36.708	D	3	146.832
D#	1	38.891	D#	3	155.564
E	1	41.203	E	3	164.812
F	1	43.654	F	3	174.616
F#	1	46.249	F#	3	184.996
G	1	48.999	G	3	195.996
G#	1	51.913	G#	3	207.652
A	1	55.000	A	3	220.000
A#	1	58.270	A#	3	233.080
B	1	61.735	B	3	246.940
C	2	65.406	C	4	261.624
C#	2	69.296	C#	4	277.184
D	2	73.416	D	4	293.664
D#	2	77.782	D#	4	311.128
E	2	82.406	E	4	329.624
F	2	87.308	F	4	349.232
F#	2	92.498	F#	4	369.992
G	2	97.998	G	4	391.992
G#	2	103.826	G#	4	415.304
A	2	110.000	A	4	440.000
A#	2	116.540	A#	4	466.160
B	2	123.470	B	4	493.880

表 6-2-1 (續)

音符	音階	頻率	音符	音階	頻率
C	5	523.248	C	7	2092.992
C#	5	554.368	C#	7	2217.472
D	5	587.328	D	7	2349.312
D#	5	622.256	D#	7	2489.024
E	5	659.248	E	7	2636.992
F	5	698.464	F	7	2793.856
F#	5	739.984	F#	7	2959.936
G	5	783.984	G	7	3135.936
G#	5	830.608	G#	7	3322.432
A	5	880.000	A	7	3520.000
A#	5	932.320	A#	7	3729.280
B	5	987.760	B	7	3951.040
C	6	1046.496	C	8	4185.984
C#	6	1108.736	C#	8	4434.944
D	6	1174.656	D	8	4698.624
D#	6	1244.512	D#	8	4978.048
E	6	1318.496	E	8	5273.984
F	6	1396.928	F	8	5587.712
F#	6	1479.968	F#	8	5919.872
G	6	1567.968	G	8	6271.872
G#	6	1661.216	G#	8	6644.864
A	6	1760.000	A	8	7040.000
A#	6	1864.640	A#	8	7458.560
B	6	1975.520	B	8	7902.080

三、實驗功能

由 8253/8254 控制喇叭的線路，並根據程式內各音符頻率，而演奏出一首歌曲。

四、實驗電路

由圖 6-2-1 之線路，首先將 8253/8254 之計數器設定爲模式 3，計數器 0 的輸入頻率爲 4.096MHz，Gate0 端接上＋5V 高電位，計數值則由程式中音符的頻率轉換而成，再由Out0 端輸出至喇叭線路，所以，喇叭即可發出聲音和歌曲。

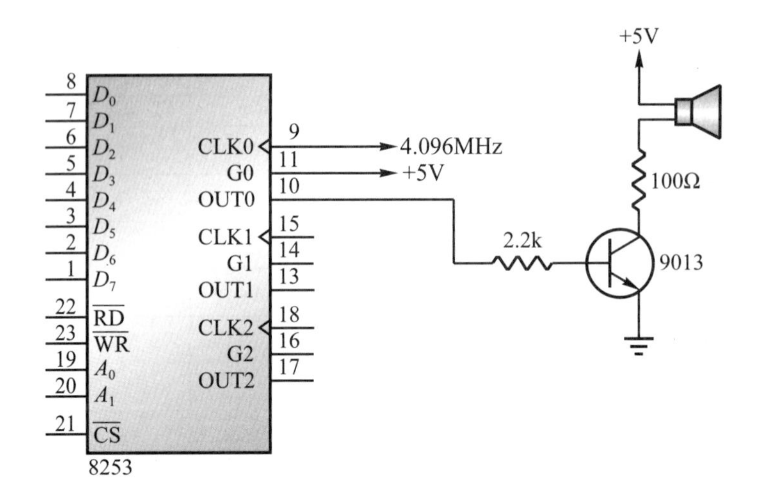

圖 6-2-1　電腦音樂線路圖

五、實驗程式設計

(一)畫面設計

本實驗使用到二個物件，分別爲執行Command按鈕和結束Command按鈕。如圖 6-2-2 所示。

圖 6-2-2　實驗 6-2 之畫面設計

(二)程式設計

```
'    L6_2 電腦音樂控制實驗，使用 8254。
'    設定 TIMER1 爲 MODE 2 。
```

(A)程式　IN_OUT 模組

```
1    Public Declare Function Inp Lib "inpout32.dll" _
2    Alias "Inp32" (ByVal PortAddress As Integer) As Integer
3    Public Declare Sub out Lib "inpout32.dll" _
4    Alias "Out32" (ByVal PortAddress As Integer, ByVal Value As Integer)
```

(B)主程式

```
1    Option Explicit
2    Dim PortAddress As Integer
3    Dim P8254 As Integer
4    Dim delay_tab As Variant
5    Dim Cword0 As Integer
6    Dim Cword1 As Integer
7
8    Private Sub Command1_Click()
9    Dim i As Integer
10   Dim lapa_tab As Variant
11   Dim data As Byte
12   Dim data1 As Byte
13   '兩隻老虎的音符表
14   lapa_tab = Array(&H8E3, &H7EB, &H70E, &H8E3, &H8E3, _
                      &H7EB, &H70E, &H8E3, &H70E, &H6A9, _
                      &H5ED, &H70E, &H6A9, &H5ED, &H5ED, _
                      &H548, &H5ED, &H6A9, &H70E, &H8E3, _
                      &H5ED, &H548, &H5ED, &H6A9, &H70E, _
                      &H8E3, &H8E3, &H2F7, &H8E3, &H1, _
                      &H8E3, &H2F7, &H8E3, &H1, &H0)
15   delay_tab = Array(350, 350, 350, 350, 350, 350, 350, 350, _
                       350, 350, 500, 350, 350, 500, 350, 350, _
                       350, 350, 500, 500, 350, 350, 350, 350, _
                       500, 500, 350, 350, 500, 200, 350, 350, _
                       500, 500)
16   '設定 8254 爲 count0 爲 mode3
17   PortAddress = &H378
18   out PortAddress + 2, &H7
19   P8254 = &HA0
```

```
20  Call Out_addr_data(P8254 + 3, &H36)
21  While (1)
22  For i = 0 To 33
23  data = lapa_tab(i) Mod &H100
24  data1 = lapa_tab(i) \ &H100
25  Call Out_addr_data(P8254, data)
26  Call Out_addr_data(P8254, data1)
27  Delay (delay_tab(i) * 10)
28  Next i
29  DoEvents
30  Wend
31  End Sub
32
33  Private Sub Command2_Click()
34  End
35  End Sub
37
38  Public Sub Delay(t As Variant)
39    Dim t1, t2 As Variant
40    For t1 = 0 To t
41      For t2 = 0 To t
42      Next t2
43      DoEvents
44    Next t1
45  End Sub
46
47  Public Sub Out_addr_data(addr As Integer, data As Variant)
48    Dim i As Integer
49    out PortAddress + 2, &H7 'out mode & ALE, /RD, /WR no active
50    out PortAddress, addr    'send address
51    out PortAddress + 2, &HF 'send ALE=high
52    out PortAddress + 2, &H7 'send ALE=low
53    out PortAddress, data    'send data
54    out PortAddress + 2, &H6 'send /WR=low
55    For i = 0 To 100         'delay
56    Next i
57    out PortAddress + 2, &H7 'send /WR=high
58  End Sub
```

程式 6-2　L6_2 電腦音樂控制實驗

(三)程式說明：(B)主程式

行　號	說　　　　明
1	強迫程式使用中的變數都必須宣告。
2～6	宣告使用的變數。
7～19	執行物件的副程式，主要是 TIMER0 爲 MODE 3 設定 8254 爲方波產生器撥放二隻老虎歌曲。
14	設定二隻老虎歌曲音調表。
15	設定二隻老虎歌曲音符長度。
17	設定列表機埠位址爲 378H。
18	設定列表機埠爲輸出模式。
19	設定 8254 的起始位址爲 A0H。
20	設定 8254TIMER0，爲 MODE 3 方波產生器的控制碼。
21～31	撥放二隻老虎歌曲迴圈。
23～24	將音調碼分成 LOW BYTE，HIGH BYTE。
25～26	將音調碼寫入 TIMER0 裡。
27	延遲音調長度時間。
33～35	結束物件的副程式，命令程式停止執行回到編輯狀態。
38～45	延遲時間副程式。
47～58	將位址及資料寫入擴充 IC8254 裡的副程式。
49	設定列表機埠爲輸出模式，ALE=0，/RD=1，/WR=1 爲不作用狀態。
50	將位址從列表機資料埠輸出至位址栓鎖器 74373 上。
51~52	將 ALE 信號 輸出 HIGH→LOW 把位址鎖住在 74373 上，將指定位址送至擴充 IC8254 上。
53	將資料從列表機資料埠輸出至擴充 IC8254 的資料匯流排上。
54～57	將/WR 輸出 LOW→HIGH 把資料寫入定址的暫存器裡。

六、問題

1. 利用PC的鍵盤演奏一首歌曲。
2. 設計一表單(FORM)，並在視窗設計 Ro,Re,Mi,Fa,So,La,Si 按鈕，程式執行後可用滑鼠彈奏。

實驗 6-3：事件計數器

一、實驗目的

瞭解 8253/8254 模式 0 事件計數器的原理與應用。

二、實驗原理

8253/8254 的模式 0 是作爲事件計數器，當控制字組寫入後，out端即輸出低電位，接著計數值被寫入後，out端仍保持低電位，計數器並開始倒數計數，直到計數器倒數至 0 時，out端才轉變爲高電位，而且一直保持著高電位，直到另一次的模式設定或另一次的計數開始爲止，因此模式 0 具有單擊的功能。

如計數時 Gate 端降爲低電位，則計數器將會暫停計數，直到 Gate 端升高爲高電位後才繼續計數。若計數的過程中又寫入一個新的計數值，則在下一時脈的下緣會載入到計數器內，並依新的計數值進行倒數計數。模式 0 的時序波形，如圖 6-3-1 所示。

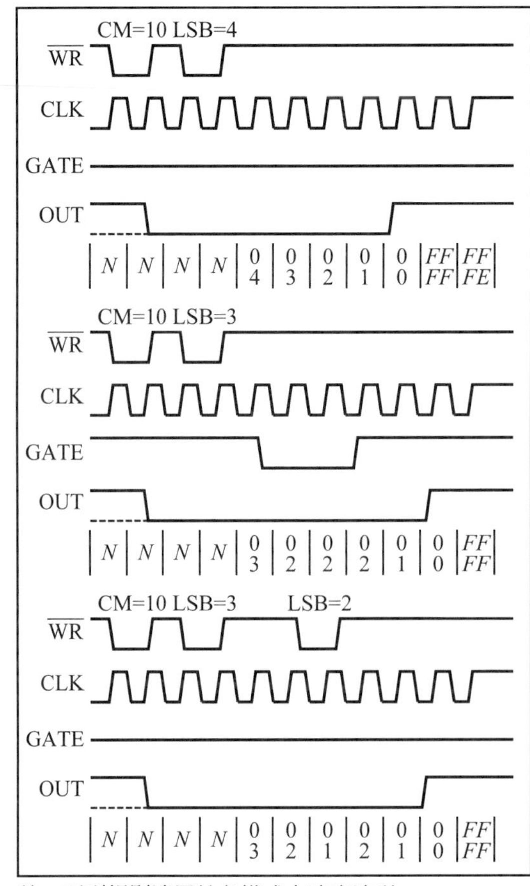

註：下列規則適用於各模式之時序波形：

1. 計數器被規劃爲二進制計數(非 BCD)且只讀／寫低位元組。
2. CS 恒爲低準位。
3. CW 表示控制字組，CW=10H 表示控制字組 10 H 被寫入計數器內。
4. LSB 表示計數值之低位元組。
5. OUT 波形下方之數目表示計數值，高位元組在上面，低位元組在下面，N 表示未知之計數值。

圖 6-3-1　模式 0 時序圖

三、實驗功能

利用 8255 偵測 8253/8254 模式 0 的單擊輸出，並將記憶體內的字元顯示在螢幕上。

四、實驗電路

如圖 6-3-2 的線路所示，首先將計數器 0 設定爲模式 3 方波產生器，經計數值 4096 除頻後，可得 1000Hz 的方波，再將此一方波接到計數器 1 的 CLK1 端，並設定計數器 1 爲模式 0，寫入計數值 1000，而令其開始倒數計數，在設定模式及計數的過程中，out1 端均保持低電位直到計數的終了，才又提升爲高電位。此外，我們又規劃 8255 爲模式 0，埠 C 爲輸入埠，8254 的 out1 端接到 8255 的 PC4 接腳，在 8254 計數器 1 的計數過程中，8255 一直以迴圈(Loop)偵測PC4 是否爲高電位，當PC4 爲高電位時，表示 8254 已計數結束，此時系統即由記憶體的字串內提取一字元並顯示在螢幕上，如此約一秒鐘顯示一字元，直到字串所有字元都顯示完成爲止。

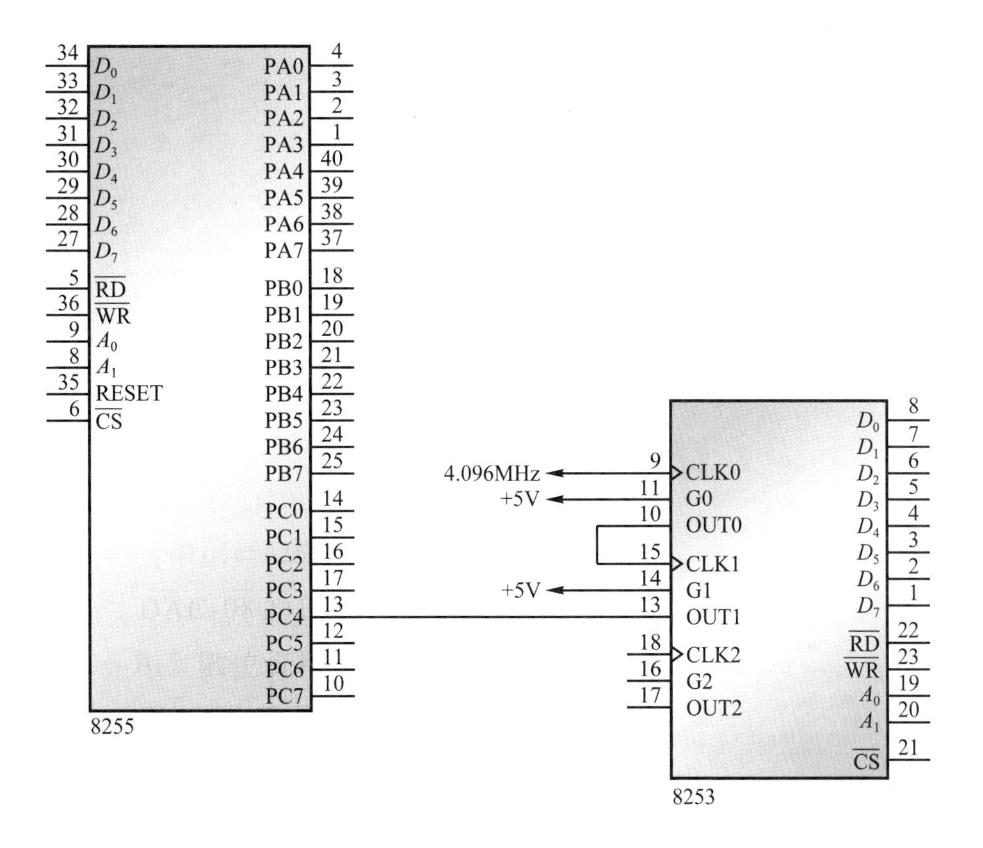

圖 6-3-2　事件計數器線路圖

五、實驗程式設計

(一)畫面設計

本實驗使用到三個物件，分別爲執行Command按鈕和結束Command按鈕，及一文字盒text用來顯示字串。如圖6-3-3所示。

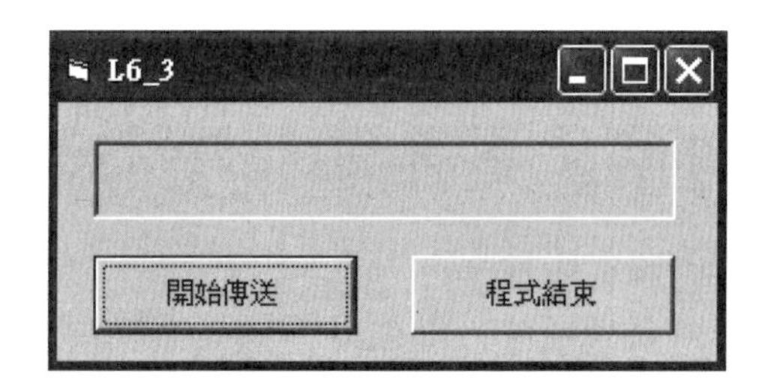

圖6-3-3　實驗6-3之畫面設計

(二)程式設計

```
'    L6_3 事件計數器控制實驗，使用 8254。
'    設定 TIMER0 爲 MODE3,TIMER1 爲 MODE 0。

(A)程式  IN_OUT 模組
1    Public Declare Function Inp Lib "inpout32.dll" _
2    Alias "Inp32" (ByVal PortAddress As Integer) As Integer
3    Public Declare Sub out Lib "inpout32.dll" _
4    Alias "Out32" (ByVal PortAddress As Integer, ByVal Value As Integer)


(B)主程式
1    Option Explicit
2    Dim PortAddress As Integer
3    Dim P8254 As Integer
4    Dim Cword55 As Integer
5    Dim A8255 As Integer
6    Dim Cword0 As Integer
7    Dim Cword1 As Integer
8
9    Private Sub Command1_Click()
10   Dim word As String
11   Dim i As Integer
12   Dim pc4 As Byte
13   word = "WELCOME TO THE COMPUTER"
```

```
14  PortAddress = &H378
15  out PortAddress + 2, &H7
16  Cword0 = &H36
17  Cword1 = &H50
18  Cword55 = &H8A
19  A8255 = &H80
20  P8254 = &HA0
21  Call Out_addr_data(P8254 + 3, Cword0)
22  Call Out_addr_data(P8254, &HFF)
23  Call Out_addr_data(P8254, &HFF)
24  Call Out_addr_data(P8254 + 3, Cword1)
25  Call Out_addr_data(P8254 + 1, &H12)
26  Call Out_addr_data(A8255 + 3, Cword55)
27  While (1)
28  pc4 = In_addr_data(A8255 + 2)
29  If (pc4 And &H10) <> 0 Then
30  Label1.Caption = Mid(word, 1, i)
31  Delay (5000)
32  i = i + 1
33  If i = 24 Then i = 0
34  End If
35  DoEvents
36  Wend
37  End Sub
38
39  Public Sub Delay(t As Integer)
40    Dim t1, t2 As Integer
41    For t1 = 0 To t
42      For t2 = 0 To t
43      Next t2
44  Next t1
45  End Sub
46
47  Private Sub Command2_Click()
48  End
49  End Sub
50
51  Public Sub Out_addr_data(addr As Integer, data As Variant)
52    Dim i As Integer
53    out PortAddress + 2, &H7 'out mode & ALE, /RD, /WR no active
54    out PortAddress, addr    'send address
55    out PortAddress + 2, &HF 'send ALE=high
56    out PortAddress + 2, &H7 'send ALE=low
```

```
57    out PortAddress, data     'send data
58    out PortAddress + 2, &H6 'send /WR=low
59    For i = 0 To 100          'delay
60    Next i
61    out PortAddress + 2, &H7 'send /WR=high
62  End Sub
63
64  Public Function In_addr_data(addr As Integer)
65    Dim i, data As Integer
66    out PortAddress + 2, &H7  'out mode & ALE, /RD, /WR no active
67    out PortAddress, addr     'send address
68    out PortAddress + 2, &HF  'send ALE=high
69    out PortAddress + 2, &H7  'send ALE=low
70    out PortAddress, &HFF     'data port=&HFF for acting input
71    out PortAddress + 2, &H27 'set input mode
72    out PortAddress + 2, &H25 'send /RD=low
73    data = Inp(PortAddress)   'read data
74    out PortAddress + 2, &H27 'send /RD=high
75  In_addr_data = data
76  End Function
```

程式 6-3　L6_3 事件計數器控制實驗

(二)程式說明

行　號	說　　　明
1	強迫程式使用中的變數都必須宣告。
2～7	宣告使用的變數。
9～37	執行物件的副程式，主要是設定TIMER0爲MODE3，TIMER1爲MODE 0。
13	設定輸出至螢幕畫面的字串，每計數一循環輸出一個字。
14	設定列表機埠位址爲378H。
15	設定列表機埠爲輸出模式。
16	設定8254TIMER0，爲MODE 3方波產生器的控制碼。
17	設定8254TIMER1，爲MODE 0事件計數器的控制碼。
18	設定8255，PORTC爲輸入的控制碼。
19	設定8255的起始位址爲80H。

20	設定8254的起始位址爲A0H。
21～23	設定8254TIMER0的除頻碼爲FFFFH=65535。
24～25	設定8254TIMER1的除頻碼爲0012H=18。
26	寫入控制碼至8255。
27～36	判斷PC4是否爲零，是則輸出一個字至螢幕。
28	讀取8255PORT C值。
29	判斷PC4是否爲零。
30	從字串中抓取一字輸出至螢幕。
31	延遲一段時間。
32～34	字串共25個字每一循環輸出一字，完成25字後，指標歸零重新循環。
35	允許其他物件執行。
39～45	延遲副程式。
47～49	結束物件的副程式，命令程式停止執行回到編輯狀態。
51～62	將位址及資料寫入擴充IC8254裡的副程式。
53	設定列表機埠爲輸出模式，ALE=0，/RD=1，/WR=1爲不作用狀態。
54	將位址從列表機資料埠輸出至位址栓鎖器74373上。
55～56	將ALE信號輸出HIGH→LOW把位址鎖住在74373上，將指定位址送至擴充IC8254上。
57	將資料從列表機資料埠輸出至擴充IC8254的資料匯流排上。
58～61	將/WR輸出LOW→HIGH把資料寫入定址的暫存器裡。
64～76	將從擴充IC8255裡讀取資料的副程式。
66	設定列表機埠爲輸出模式，ALE=0，/RD=1，/WR=1爲不作用狀態。
67	將位址從列表機資料埠輸出至位址栓鎖器74373上。
68～69	將ALE信號輸出HIGH→LOW把位址鎖住在74373上，將指定位址送至擴充IC8255上。

70～71	設定列表機埠爲輸入模式。
72	將/RD 輸出 LOW
73	將資料從列表機資料埠讀取擴充 IC8255 的資料。
74	將/RD 輸出 HIGH 完成讀取程序。
75	將資料傳回。

實驗 6-4：時脈產生器

一、實驗目的

瞭解 8253/8254 模式 2 時脈產生器的操作與應用。

二、實驗原理

8253/8254 模式 2 的功能是作爲一個時脈產生器，在寫入控制字、計數值和倒數計數的期間，out端都維持著高電位，只待計數值遞減爲 1 時，out端才降爲低電位，而在下一時序脈波負緣時，又上升爲高電位，並且計數值被載入計數器內重新計數，如此週而復始，即形成一除*N*的計數器。

在計數的期間，若Gate端降爲低電位，則計數器停止計數，等到Gate端升爲高電位後才又重新開始倒數計數。若在計數的過程中，又寫入一新的計數值，則待目前計數週期結束後，再以新的計數值開始計數。如圖 6-4-1 所示即爲模式 2 的時序圖。

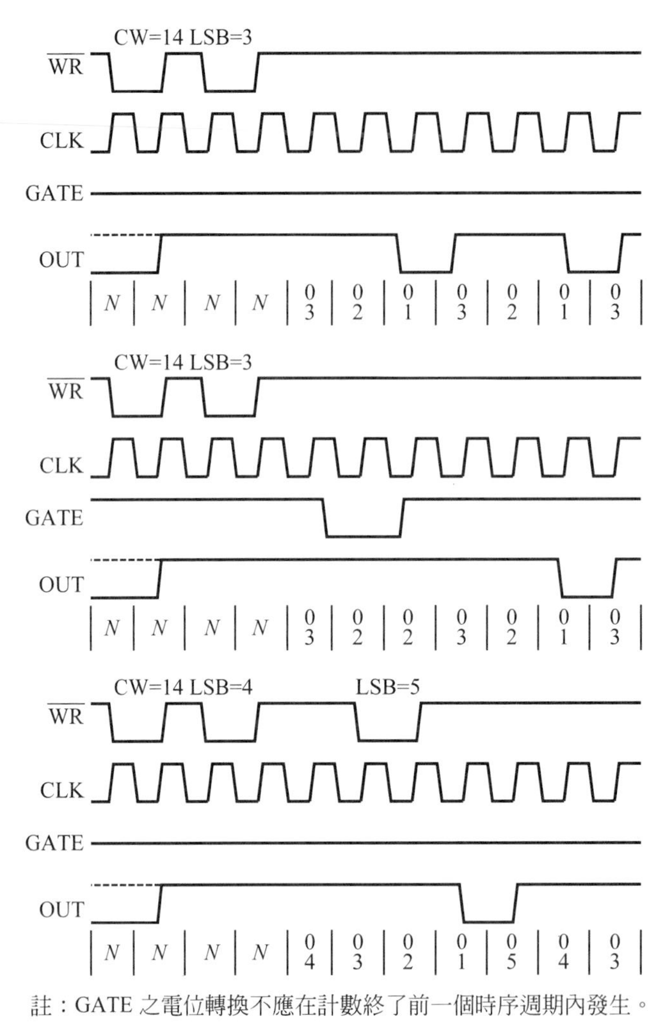

註：GATE 之電位轉換不應在計數終了前一個時序週期內發生。

圖 6-4-1　模式 2 時序圖

三、實驗功能

由 8253/8254 提供一模式 2 的時脈給 74192IC，令 74192 作 BCD 的上數，並經由七段顯示器顯示其值。

四、實驗電路

如圖 6-4-2 之線路，先將計數器 0、1 均設定為模式 2，並令計數值分別為 4096 及 1000，則除頻之後可由out_1端輸出 1Hz的時脈，並接到 74192 計數器的 up 端，則 74192 即依此頻率作 BCD 的上數，並且透過七段顯示器顯示其值，如此週而復始的動作。

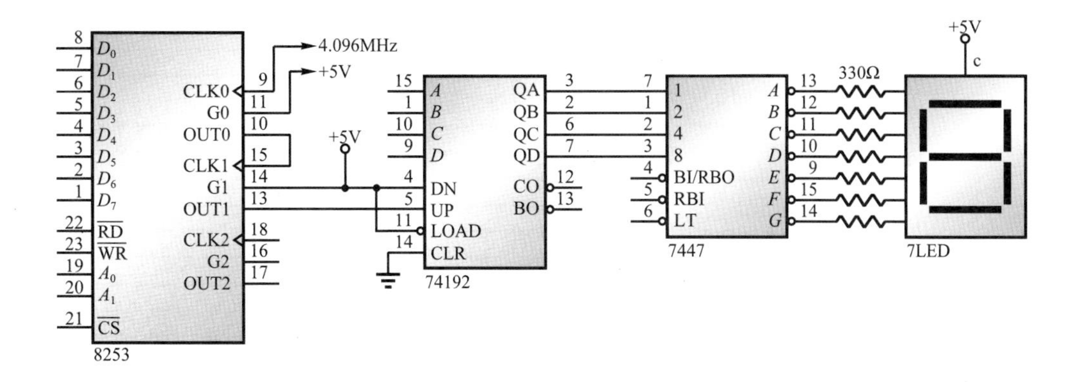

圖 6-4-2　時脈產生器線路圖

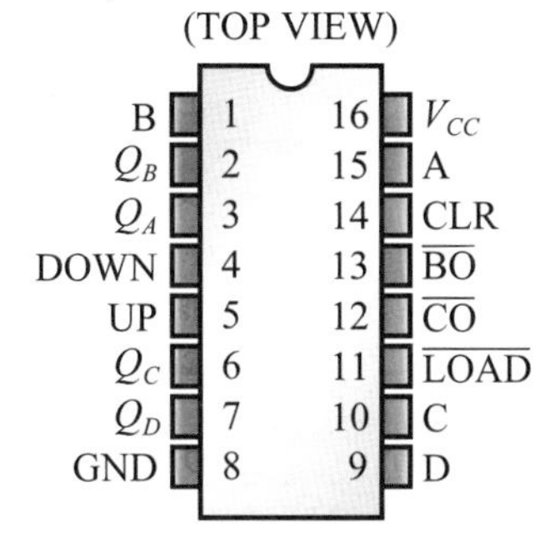

圖 6-4-3　74LS192 接腳圖(摘錄出德州儀器資料手冊)

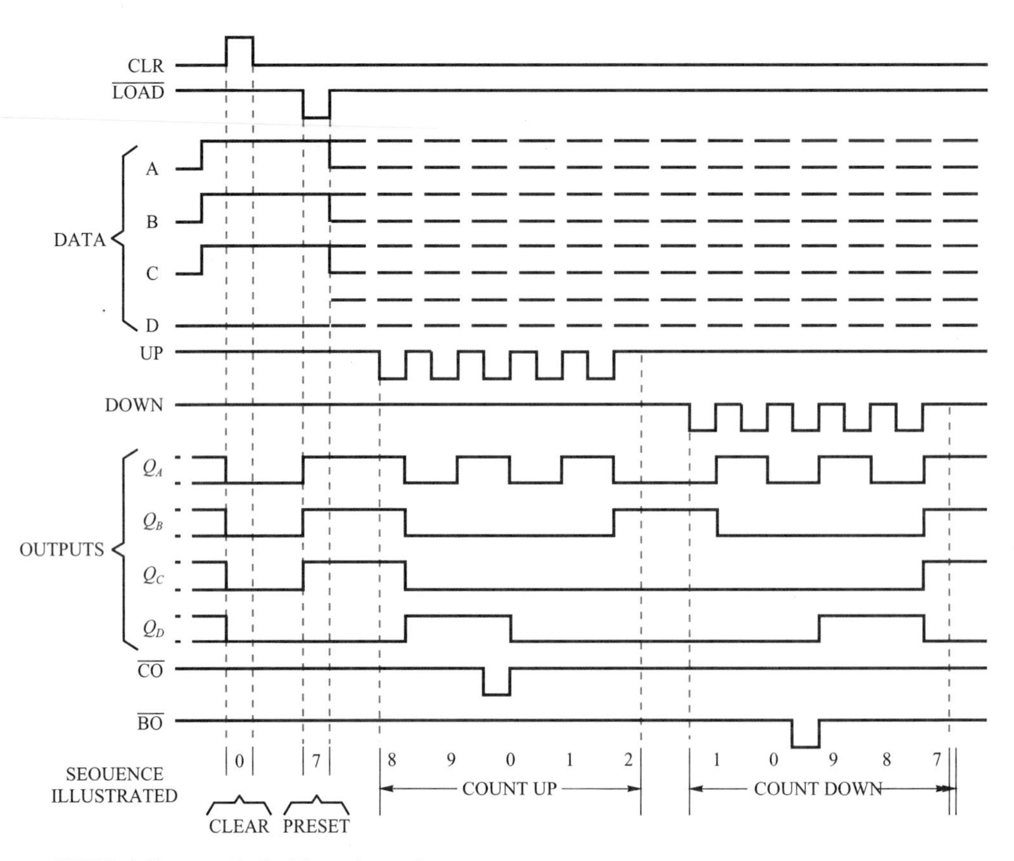

NOTES: A.Clear overrides load,data.and count Inputs.
B.When counting up,count-down input must be high;when counting down,count-up input must be high.

圖 6-4-4 74LS192 時序動作原理(摘錄出德州儀器資料手冊)

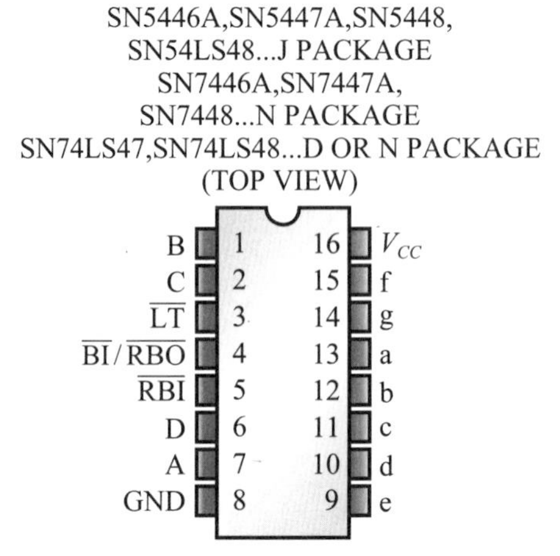

圖 6-4-5 7447A 接腳圖(摘錄出德州儀器資料手冊)

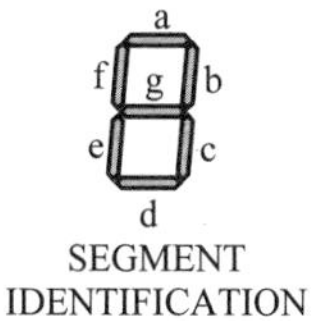

SEGMENT IDENTIFICATION

NUMERICAL DESIGNATIONS AND RESULTANT DISPLAYS

'46A,'47A,'LS47 FUNCTION TABLE (T1)

DECIMAL OR FUNCTION	INPUTS						$\overline{BI}/\overline{RBO}$[1]	OUTPUTS							NOTE
	$\overline{LT}$	$\overline{RBI}$	D	C	B	A		a	b	c	d	e	f	g	
0	H	H	L	L	L	L	H	ON	ON	ON	ON	ON	ON	OFF	1
1	H	×	L	L	L	H	H	OFF	ON	ON	OFF	OFF	OFF	OFF	
2	H	×	L	L	H	L	H	ON	ON	OFF	ON	ON	OFF	ON	
3	H	×	L	L	H	H	H	ON	ON	ON	ON	OFF	OFF	ON	
4	H	×	L	H	L	L	H	OFF	ON	ON	OFF	OFF	ON	ON	
5	H	×	L	H	L	H	H	ON	OFF	ON	ON	OFF	ON	ON	
6	H	×	L	H	H	L	H	OFF	OFF	ON	ON	ON	ON	ON	
7	H	×	L	H	H	H	H	ON	ON	ON	OFF	OFF	OFF	OFF	
8	H	×	H	L	L	L	H	ON	ON	ON	ON	ON	ON	ON	
9	H	×	H	L	L	H	H	ON	ON	ON	OFF	OFF	ON	ON	
10	H	×	H	L	H	L	H	OFF	OFF	OFF	ON	ON	OFF	ON	
11	H	×	H	L	H	H	H	OFF	OFF	ON	ON	OFF	OFF	ON	
12	H	×	H	H	L	L	H	OFF	ON	OFF	OFF	OFF	ON	ON	
13	H	×	H	H	L	H	H	ON	OFF	OFF	ON	OFF	ON	ON	
14	H	×	H	H	H	L	H	OFF	OFF	OFF	ON	ON	ON	ON	
15	H	×	H	H	H	H	H	OFF	OFF	OFF	OFF	OFF	OFF	OFF	
BI	×	×	×	×	×	×	L	OFF	OFF	OFF	OFF	OFF	OFF	OFF	2
RBI	H	L	L	L	L	L	L	OFF	OFF	OFF	OFF	OFF	OFF	OFF	3
LT	L	×	×	×	×	×	H	ON	ON	ON	ON	ON	ON	ON	4

H=high level, L=low level, ×=irrelevant

NOTES: 1.The blanking input ($\overline{BI}$) must be open or held at a high logic level when output functions 0 through 15 are desired. The ripple-blanking input ($\overline{RBI}$) must be open or high if blanking of a decimal zero is not desired.

2.When a low logic level is applied directly to the blanking input ($\overline{BI}$) ,all segment outputs are off regardless of the level of any other input.

3.When ripple-blanking input ($\overline{RBI}$) and inputs A,B,C, and D are at a low level with the lamp test input high,all segment outputs go off and the ripple-blanking output ($\overline{RBO}$) goes to a low level (response condition).

4.When the blanking input/ripple blanking output ($\overline{BI}/\overline{RBO}$) is open or held high and a low is applied to the lamp-test input,all segment outputs are on.

[1] $\overline{BI}/\overline{RBO}$ is wire AND logic serving as blanking input ($\overline{BI}$) and/or ripple-blanking output ($\overline{RBO}$).

圖 6-4-6　7447 真值表

五、實驗程式設計

(一)畫面設計

本實驗使用到二個物件，分別爲執行Command按鈕和結束Command按鈕。如圖6-4-7所示。

圖 6-4-7　實驗 6-4 之畫面設計

(二)程式設計

"L6-4 時脈產生器控制實驗

(A)程式 IN_OUT 模組

```
1    Public Declare Function Inp Lib "inpout32.dll" _
2    Alias "Inp32" (ByVal PortAddress As Integer) As Integer
3    Public Declare Sub out Lib "inpout32.dll" _
4    Alias "Out32" (ByVal PortAddress As Integer, ByVal Value As Integer)
```

(B)主程式

```
1.   Option Explicit
2.   Dim PortAddress As Integer
3.   Dim P8254 As Integer
4.   Dim Cword0 As Integer
5.   Dim Cword1 As Integer
6.
7.   Private Sub Command1_Click()
8.   PortAddress = &H378
9.   out PortAddress + 2, &H7
10.  P8254 = &HA0
11.  Cword0 = &H34
12.  Cword1 = &H74
13.  Call Out_addr_data(P8254 + 3, Cword0)
14.  Call Out_addr_data(P8254, &HFF)
15.  Call Out_addr_data(P8254, &HFF)
16.  Call Out_addr_data(P8254 + 3, Cword1)
17.  Call Out_addr_data(P8254 + 1, &H12)
18.  Call Out_addr_data(P8254 + 1, &H0)
19.  End Sub
20.
21.  Private Sub Command2_Click()
22.  End
23.  End Sub
24.
25.  Public Sub Out_addr_data(addr As Integer, data As Variant)
26.  Dim i As Integer
27.  out PortAddress + 2, &H7 'out mode & ALE, /RD, /WR no active
28.  out PortAddress, addr    'send address
29.  out PortAddress + 2, &HF 'send ALE=high
30.  out PortAddress + 2, &H7 'send ALE=low
```

```
31. out PortAddress, data     'send data
32. out PortAddress + 2, &H6 'send /WR=low
33. For i = 0 To 100          'delay
34. Next i
35. out PortAddress + 2, &H7 'send /WR=high
36. End Sub
```

程式 6-4　L6-4 時脈產生器控制實驗

(二)程式說明

行　號	說　　　　明
1	強迫程式使用中的變數都必須宣告。
2～5	宣告使用的變數。
7～19	執行物件的副程式，主要是設定TIMER0，TIMER1 爲MODE 2。
8	設定列表機埠位址爲 378H。
9	設定列表機埠爲輸出模式。
10	設定 8254 的起始位址爲 A0H。
11～12	設定 8254TIMER0，TIMER1 爲 MODE 2 控制碼。
13	寫入控制碼至 8254 TIMER0。
14～15	設定 8254TIMER0 的除頻碼爲 FFFFH=65535。
16	寫入控制碼至 8254 TIMER1。
17～18	設定 8254TIMER1 的除頻碼爲 0012H=18。
21～23	結束物件的副程式，命令程式停止執行回到編輯狀態。
25～36	將位址及資料寫入擴充 IC8254 裡的副程式。
27	設定列表機埠爲輸出模式，ALE=0，/RD=1，/WR=1 爲不作用狀態。
28	將位址從列表機資料埠輸出至位址栓鎖器 74373 上。
29～30	將 ALE 信號輸出 HIGH→LOW 把位址鎖住在 74373 上，將指定位址送至擴充 IC8254 上。
31	將資料從列表機資料埠輸出至擴充 IC8254 的資料匯流排上。
32～35	將/WR 輸出 LOW→HIGH 把資料寫入定址的暫存器裡。

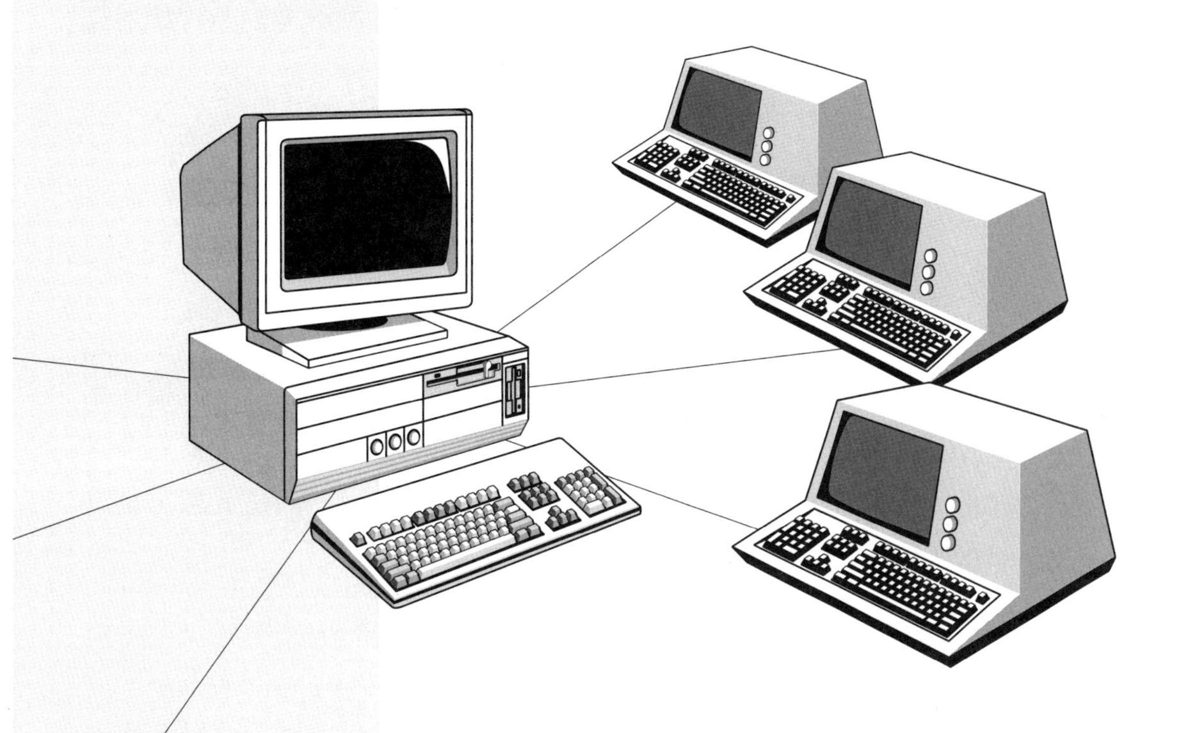

第 7 章

數位、類比轉換器

◇ 7-1 D/A 轉換器簡介

D/A轉換器是數位至類比轉換器的簡稱(digital to analog converter)，又稱DAC。數位至類比轉換的目的，是將多位元的數位輸入轉換成相近的類比輸出，而此類比輸出可爲電壓或電流。一般D/A轉換器依其轉換原理及使用方式不同，大致有下列之類型：

1. 加權電阻 D/A 轉換器
2. R-2R 梯形 D/A 轉換器
3. 倍率式 D/A 轉換器
4. 多工選擇式 D/A 轉換器

D/A 轉換器的主要規格包括：

1. 解析度：解析度是指 D/A 轉換電路所能鑑別出的最小類比輸出增量，其值決定於數位輸入的位元數，故D/A轉換器的位元數愈多，解析度就愈高。若V_{REF}爲參考電壓，n爲D/A轉換器的位元數，則其解析度爲

   $$解析度=\frac{V_{REF}}{2^n}$$

2. 穩定時間：穩定時間是指從輸入轉換開始到輸出達到其最終值的某一準位，其間所經歷的時間。穩定時間的敘述方式爲“500μs到全刻度的 0.2 %”，亦即從數位信號開始轉換，至其類比輸出達到最終值99.8 %所需的時間爲500μs。
3. 直線性：直線性是指D/A轉換器中數位輸入信號增加時，類比輸出隨之遞增的特性。D/A轉換器的直線性主要是受電阻精確度的影響，而溫度的變化也會使其產生改變。一個好的D/A轉換器具有直線性是有必要的，其誤差必須小於或等於$\pm\frac{1}{2}$LSB。
4. 精確度：精確度係指D/A轉換器的類比輸出在理想值與實際值間的差異，通常可分爲絕對精確度與相對精確度。

5. 溫度靈敏度：溫度靈敏度係指在固定數位輸入下，其類比輸出通常會隨著溫度而改變，一般的溫度係數是為50ppm/℃，影響的因素有參考電源、運算放大器的主、被動元件等。

現在市面上有許多 D/A 轉換器 IC 可供選用，一般可將其分為**基本型 DAC**、**內含參考電源之 DAC**、和**內含輸出放大器之 DAC 等三類**，其中可再細分為 8、9、10、12、14、16 位元等不同解析度之 DAC。本文僅就 DAC-08 IC 作解說。

DAC-08 是一個典型的數位至類比轉換器，可將 8 位元的數位輸入轉換成類比輸出，其接腳圖如圖 7-1 所示，而各接腳的功能如下列所述。

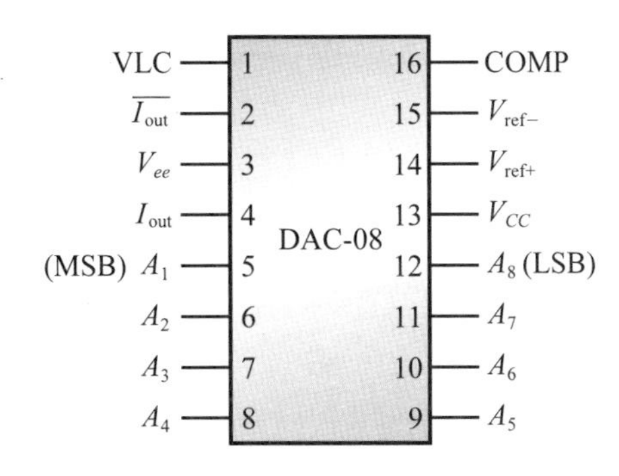

圖 7-1　DAC-08 接腳圖

1. V_{LC}：用來識別數位輸入訊號的準位，如訊號來源為 TTL、DTL、RTL 等邏輯族的輸出，則此端必須接地。
2. I_{out}與$\overline{I_{out}}$：DAC 的轉換輸出端，即此兩輸出之和為滿刻度電流I_{FS}之值，其中$I_{FS}=(255/256)I_{REF}$。
3. V_{ee}：DAC-08 的負電壓源輸入端，其中$-4.5V \le V_{ee} \le -18V$。
4. $A_1 \sim A_8$：數位資料輸入端，其中A_1為 MSB，A_8為 LSB。
5. V_{ref}^{+}、V_{ref}^{-}：參考電壓輸入端，其決定一個 LSB 增量的輸出電流。其中$I_{ref}=V_{ref}/R_{ref}$，I_{ref}之範圍為：$0.2mA \le I_{ref} \le 4mA$。
6. COMP：DAC-08 之內部運算放大器頻率補償接腳，以防止高頻振盪。
7. V_{CC}：正電壓源輸入端，其中$4.5V \le V_{CC} \le 18V$。

DAC-08 的動作爲當數位資料由A_1至A_8輸入，其中A_1爲 MSB，A_8爲 LSB。若$I_{ref} = 2\text{mA}$，則一個 LSB 增量的輸出電流I_{out}爲$2\text{mA}/256 = 7.8125\ \mu\text{A}$。亦即

$$I_{out} = I_{refx} \times \left(\frac{1}{2}A_1 + \frac{1}{4}A_2 + \frac{1}{8}A_3 + \frac{1}{16}A_4 + \frac{1}{32}A_5 + \frac{1}{64}A_6 + \frac{1}{128}A_7 + \frac{1}{256}A_8\right)$$

所以，當$A_1 \sim A_8 =$ 00H 時，$I_{out} = 0\text{mA}$，而當$A_1 \sim A_8 =$ FFH 時，$I_{out} = 1.992\text{mA}$。最後I_{out}之值可再經由運算放大器轉換爲類比電壓輸出。

DAC-08 的頻率補償參考電路如圖 7-2 所示。

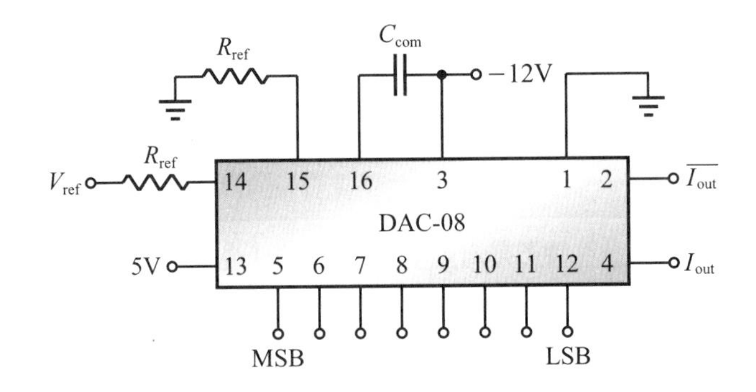

圖 7-2　DAC-08 頻率補償參考電路

實驗 7-1：波形產生器

一、實驗目的

瞭解DAC-08產生三角、方波、及正弦波的原理與方法。

二、實驗原理

如圖7-1-1所示之DAC-08的實驗電路，**首先調整R_2端的分壓為2V**，亦即輸入至V_{ref}^{+}端的電壓爲2V，經由公式$I_{ref} = V_{ref}/R_{ref}$，$I_{ref} = 2V/1k = 2mA$，即可得參考電流2mA，因而滿刻度電流爲$I_{FS} = 255/256 \times I_{ref} = 255/256 \times 2mA = 1.992mA$，所以當數位資料 FFH 經由$A_1$～$A_8$輸入至 DAC-08 後，由DAC-08的$I_{out}$端將輸出1.992mA的滿刻度電流。若將運算放大器741上之R_f電阻調整爲5kΩ，則最大的類比輸出電壓$V_{out} = 1.992mA \times 5k\Omega = 9.96V$，換言之，當 DAC-08 的數位輸入資料爲十進位的N值時，輸出電壓V_{out}可以下列公式得之。

$$V_{out} = N/256 \times I_{ref} \times R_f = N/256 \times 2mA \times 5k$$

由上述可知，I_{out}及V_{out}之值會隨著資料的改變而變化，若將數位資料由0開始遞增，輸出電壓V_{out}也由0V隨之遞增，當數位資料遞增至預定値時，V_{out}亦以斜波的波形升至預定的電壓值，然後，資料重新設定爲0，並重覆作遞增的工作，如此週而復始，即可得到**三角波**的電壓輸出。若將數位資料首先設定爲 0，延遲一段時間，再設定爲某一數值，延遲一段時間後，再重設爲0，如此週而復始，V_{out}端即可產生**方波**的電壓輸出。至於**正弦波**的產生，首先**將基準電壓訂在5V**，然後利用公式：

1. $AV = 5V + 50 \times \sin\left(\theta \times \frac{2\pi}{360°}\right)$，AV爲正弦波電壓，$\theta$爲角度
2. $DV = 256 \times \frac{AV}{10}$，DV爲數位資料
3. $DV = INT(DV)$，取正整數

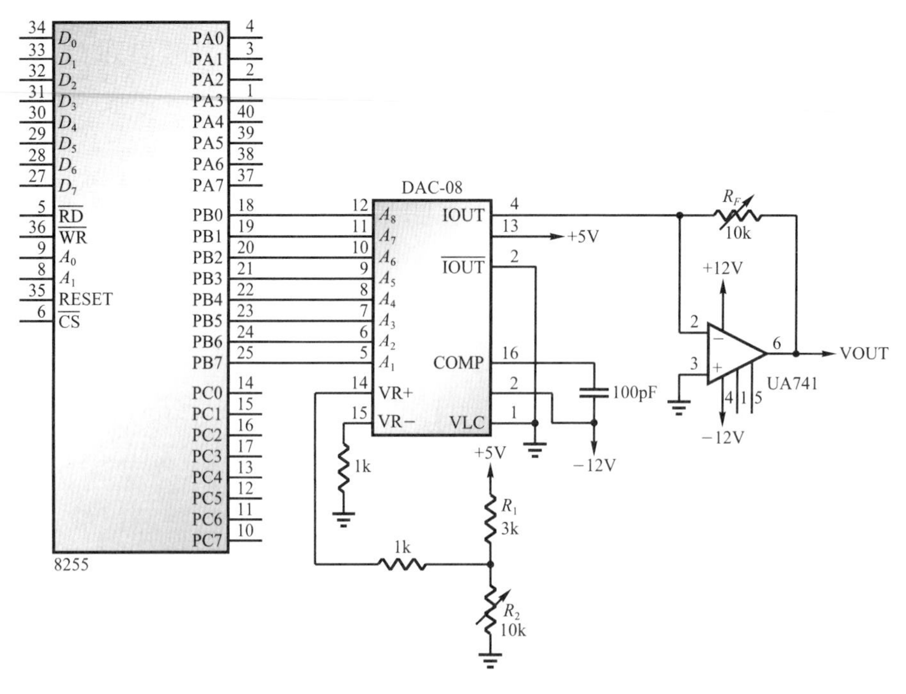

圖 7-1-1　DAC-08 實驗電路

即先求預定輸出的正弦波AV之值，再轉換成數位資料DV，以便輸入至DAC-08，產生所需的類比輸出電壓。若能適當地控制角度，從0°至360°循環不已，則 DAC-08 即可輸出正弦波電壓。但因其中有些數位資料是四捨五入取正整數的結果，某些角度上的電壓值會有少許的偏差，但是，整體上還是相當精確的。

三、實驗功能

DAC-08 會根據所選擇的波形(三角波、方波、或正弦波)，所鍵入的電壓值(0～10V)，為其峰值電壓，並輸出其波形，直至按下任一鍵時，才結束程式。

四、實驗電路

實驗電路如圖 7-1-1 所示，DAC-08 的數位資料由 8255 portB 提供，參考電壓V_{ref}由R_1及R_2分壓得之，V_{ref}再除以R_{ref}可得參考電流I_{ref}，而輸出電壓V_{out}即等於$N/256\times I_{ref}\times R_f$之值，因此本實驗的步驟如下列所述：

1. 接好圖 7-1-1 之線路。

2. 調整可變電阻R_2，使其輸出電壓恰爲 2V。

3. 令 8255A 埠 B 輸出 FFH 之數位資料。

4. 調整可變電阻R_F，使V_{out}的電壓值趨近 10V。

5. 執行程式，並利用示波器量測其波形及電壓。

五、實驗程式設計

(一)畫面設計

本實驗使用到二個Command物件，分別爲輸出波形Command按鈕和結束Command按鈕，三個波形選項option物件，一個DAC輸出峰值文字盒，及一永久輸出check物件和設定輸出周期數text文字盒，如圖 7-1-2 所示。

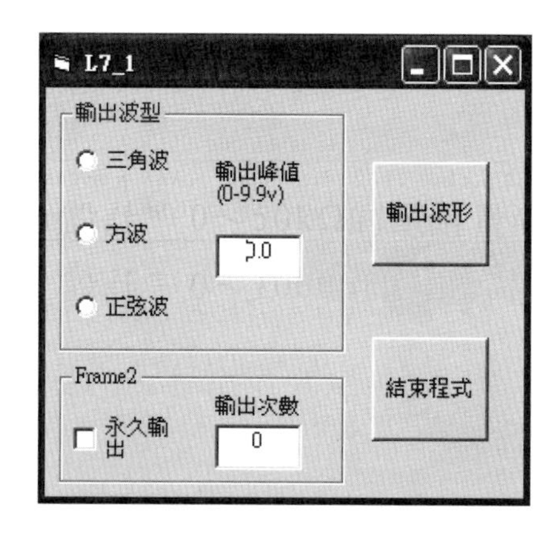

圖 7-1-2　實驗 7-1 之畫面設計

(二)程式設計

```
"L7-1 DAC 正弦波,方波,三角波控制實驗,利用 8255
"設定 8255PORTA 連接至 DAC 資料匯流排

(A)程式  IN_OUT 模組
1   Public Declare Function Inp Lib "inpout32.dll" _
2   Alias "Inp32" (ByVal PortAddress As Integer) As Integer
3   Public Declare Sub out Lib "inpout32.dll" _
4   Alias "Out32" (ByVal PortAddress As Integer, ByVal Value As Integer)


(B)主程式
```

```
1   Option Explicit
2   Dim PortAddress As Integer
3   Dim Cword As Integer
4   Dim ch As String
5   Dim A8255 As Integer
6
7   Private Sub Command2_Click()
8   End
9   End Sub
10
11  Private Sub Form_Load()
12  Cword = &H80
13  A8255 = &H80
14  PortAddress = &H378
15  out PortAddress + 2, &H7
16  Out_addr_data A8255 + 3, Cword
17  End Sub
18
19  Private Sub Command1_Click()
20  Dim s(255) As Byte
21  Dim Value As Byte
22  Dim Vm As Variant
23  Dim i As Integer
24  Dim j As Integer
25  Dim low As Integer
26  Dim hi As Integer
27  Dim max As Integer
28  Vm = CDec(Text1.Text)
29  Select Case ch
30  Case "三角波"
31    For i = 0 To 255
32      s(i) = CByte((i - 127.5) * Vm / 9.9 + 127.5)
33      DoEvents
34    Next i
35    GoTo OutPutV1
36  Case "方波"
37    low = CByte(-127.5 * Vm / 9.9 + 127.5)
38    hi = CByte(127.5 * Vm / 9.9 + 127.5)
39    GoTo OutPutV2
40  Case "正弦波"
41    For i = 0 To 255
42    s(i) = CByte(Sin(i * 3.141592654 * 2 / 256) * 127.5 * Vm / 9.9 + 127.5)
```

```
43   DoEvents
44   Next i
45   GoTo OutPutV1
46  End Select
47  OutPutV1:
48  max = CDec(Text2.Text)
49  If Check1.Value = 0 Then
50  For j = 0 To max - 1
51    For i = 0 To 255
52    Call Out_addr_data(A8255, s(i))
53    DoEvents
54    Next i
55  Next j
56  End If
57  If Check1.Value = 1 Then
58  While 1
59    For i = 0 To 255
60    Call Out_addr_data(A8255, s(i))
61    DoEvents
62    Next i
63  Wend
64  End If
65  GOTO LOOP1
66  OutPutV2:
67  max = CDec(Text2.Text)
68  If Check1.Value = 0 Then
69  For j = 0 To max - 1
70    For i = 0 To 255
71    Call Out_addr_data(A8255, low)
72    DoEvents
73    Next i
74    For i = 0 To 255
75    Call Out_addr_data(A8255, hi)
76    DoEvents
77    Next i
78  Next j
79  End If
80  If Check1.Value = 1 Then
81    While 1
82    For i = 0 To 255
83  Call Out_addr_data(A8255, low)
84    DoEvents
```

```
85    Next i
86  For i = 0 To 255
87    Call Out_addr_data(A8255, hi)
88    DoEvents
89    Next i
90    Wend
91  End If
92  LOOP1:
93  End Sub
94  Private Sub Option1_Click(Index As Integer)
95  Dim i
96    For i = 0 To 2
97      If Option1(i).Value = True Then
98        ch = Option1(i).Caption
99      End If
100   Next i
101 End Sub
102 Public Sub Out_addr_data(addr As Integer, data As Variant)
103   Dim i As Integer
104   out PortAddress + 2, &H7 'out mode & ALE, /RD, /WR no active
105   out PortAddress, addr    'send address
106   out PortAddress + 2, &HF 'send ALE=high
107   out PortAddress + 2, &H7 'send ALE=low
108   out PortAddress, data    'send data
109   out PortAddress + 2, &H6 'send /WR=low
110   For i = 0 To 100         'delay
111   Next i
112   out PortAddress + 2, &H7 'send /WR=high
113 End Sub
114
115 Private Sub Check1_Click()
116 If Check1.Value = 1 Then
117   Text2.BackColor = &H80000004
118   Text2.Locked = True
119 End If
120 If Check1.Value = 0 Then
121   Text2.BackColor = &H80000005
122   Text2.Locked = False
123 End If
124 End Sub
```

程式 7-1　L7-1 DAC 正弦波，方波，三角波控制實驗

(二)程式說明

行號	說明
1	強迫程式使用中的變數都必須宣告。
2～5	宣告使用的變數。
7～9	結束物件的副程式，命令程式停止執行回到編輯狀態。
11～17	程式執行時自動執行表單載入物件的副程式，用來設定程式中的初始設定。
12	設定8255的控制碼。
13	設定8255的起始位址爲80H。
14	設定列表機阜位址爲378H。
15	設定列表機阜爲輸出模式。
16	寫入8255控制碼至8255控制暫存器。
19～93	執行物件的副程式，主要是執行三種波形程式。
28	將文字盒字串轉換成數值大小，本文字盒爲DAC輸出值，介於0.0V～9.9V之間。
29～46	選擇三種波型其中一種。
30～34	計算三角波一週期256筆數位資料值，並存在陣列裡。
35	跳至OUTPUTV1執行輸出波形值至DAC轉換器產生波形。
36～38	計算方波HI&LOW數位資料值。
39	跳至OUTPUTV2執行輸出波形值至DAC轉換產生波形。
41～44	計算正弦波一週期256筆數位資料值，並存在陣列裡。
45	跳至OUTPUTV1執行輸出波形值至DAC轉換。
47～64	執行正弦波， 三角波輸出波形值至DAC轉換器產生波形。
48	從文字盒取出設定迴圈數，決定產生輸出幾個周期值。
49,57	判斷是執行設定迴圈數(CHECK1.VALUE=0)或連續產生輸出(CHECK1.VALUE=1)。
50～55	執行設定迴圈數， 一週期256筆數位資料。
58～62	執行連續產生輸出。

66～90　執行方波輸出波形值至DAC轉換器產生波形。

67　判斷是執行設定迴圈數或連續產生輸出。

68～77　執行設定迴圈數，LOW 256 筆數位資料，HI 256 筆數位資料。

80～89　執行連續產生輸出方波。

94～101　三種波形選項設定副程式。

102～113　將位址及資料寫入擴充IC8255裡的副程式。

104　設定列表機埠爲輸出模式，ALE=0，/RD=1，/WR=1爲不作用狀態。

105　將位址從列表機資料阜輸出至位址栓鎖器74373上。

106～107　將ALE信號輸出HIGH→LOW把位址鎖住在74373上，將指定位址送至擴充IC8255上。

108　將資料從列表機資料阜輸出至擴充IC8255的資料匯流排上。

109～112　將/WR輸出LOW→HIGH把資料寫入定址的暫存器裡。

114～123　設定文字盒2的顏色，一種表執行設定回圈數(週期數)，另一種執行連續產生輸出。

六、問題

1. 設計一程式使得DAC08輸出RC充放電波形。

2. 設計一程式使得DAC08輸出不對稱方波。

◇ 7-2 A/D 轉換器簡介

A/D轉換器是類比至數位轉換器的簡稱(analog to digital converter)，又稱ADC。類比至數位轉換的目的，是將類比信號量化，並編碼轉換成對應的數位信號。一般A/D轉換器依其轉換原理，大致可分成下列之類型：

1. 並列式A/D轉換器。
2. 計數式A/D轉換器。
3. 漸進式A/D轉換器。
4. 積分式A/D轉換器。

現在市面上有多種A/D轉換器IC可供使用，大致可將其分為漸近式ADC、高速視頻用ADC、和低速積分式ADC，其中可再細分為8、10、12、14、16位元等不同解析度之ADC。本文僅就ADC0804 IC作一介紹。

ADC0804是常用的A/D轉換器，其利用連續趨近法，將類比訊號轉換為8個位元的數位資料，因含有時脈產生電路，所以頻率可由外加的R、C來決定。其主要的特性包括：

1. 8位元CMOS逐次漸近型ADC。
2. 三態閂鎖輸出。
3. 轉換時間100μs。
4. 誤差最大±1LSB。

ADC0804的接腳，如圖7-3所示，而各接腳的功能如下列所述。

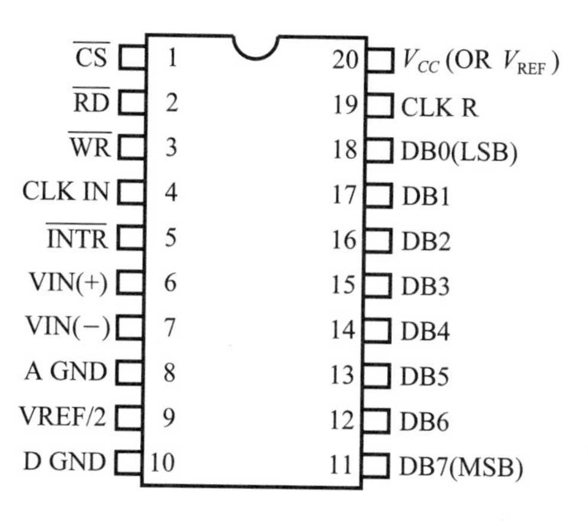

圖7-3 ADC0804接腳圖

1. $\overline{CS}$：晶片選擇輸入。
2. $\overline{RD}$：讀取控制。當 $\overline{CS}$ 及 $\overline{RD}$ 均為0時，數位資料會經由DB_0～DB_7輸出。當 $\overline{RD}$ 由0轉至1的瞬間，會使 $\overline{INTR}$ 設定為1。
3. $\overline{WR}$：寫入控制。當 $\overline{CS}$ 及 $\overline{WR}$ 均為0時，整個系統被重置，並將 $\overline{INTR}$ 設定為1，當 $\overline{WR}$ 由0升至1的瞬間，將觸發轉換器，來轉換數位資料。
4. CLK IN：時脈輸入，時脈頻率須在100至800kHz的範圍內，CLK IN可從CPU的時序信號取得，若系統的時脈頻率大於800kHz，可以除頻電路將頻率降低。若使用晶片上的時脈產生器，必須在CLK IN 和 CLK R 之間，外接一個 RC 電路如圖 7-4 所示。其頻率$f=1/1.1RC$ Hz，$10k \leq R \leq 50k$。

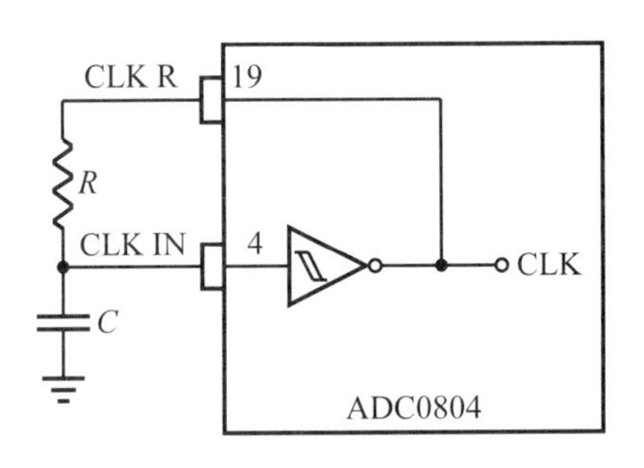

圖7-4　ADC0804之RC電路

5. $\overline{INTR}$：中斷請求輸出，當 $\overline{WR}$ 啓動轉換週期時，$\overline{INTR}$ 被設定為1，一旦轉換完成，$\overline{INTR}$ 由 1 轉變為 0 以告知外界，可以讀取數位資料，當外界讀取後，$\overline{INTR}$ 又恢復為1。
6. V_{CC}：電源輸入端，或為參考電壓V_{REF}輸入端，因為$V_{REF}/2$ 接腳空接時，參考電壓V_{REF}即等於V_{CC}電壓值。
7. $V_{REF}/2$：參考電壓輸入端，即參考電壓的一半輸入至此接腳，亦即，此接腳輸入電壓的 2 倍為類比電壓能夠轉換為數位資料的上限。而當此接腳空接時，V_{CC}即為參考電壓。
8. $V_{in}(+)$：類比電壓的輸入端，惟此值應介於V_{CC}與$V_{in}(-)$值之間。
9. $V_{in}(-)$：類比電壓下限值的輸入端。

10. A GND，D GNS：類比及數位電壓的接地端。

11. DB_0～DB_7：具有三態閂鎖的資料輸出，DB_0為LSB，DB_7為MSB。

至於ADC0804的轉換步驟，如下列所述。

1. 外界的類比電壓接至ADC0804的$V_{in}(+)$端，令$\overline{CS}$接腳為0，$\overline{WR}$亦為0，此時ADC0804會被重置。
2. 令$\overline{WR}$隨之升高為1，則ADC0804開始轉換資料，待轉換完成後，$\overline{INTR}$會降為0，以便產生中斷要求信號。
3. 當$\overline{CS}$保持為0，使$\overline{RD}$接腳降為0，則在200ns內，ADC0804會將數位資料由DB_0～DB_7接腳輸出。
4. 待資料讀取後，再使$\overline{RD}$由0升回1，則$\overline{INTR}$將恢復為1，表示終止中斷要求。

其讀寫之時序圖如圖7-5所示。

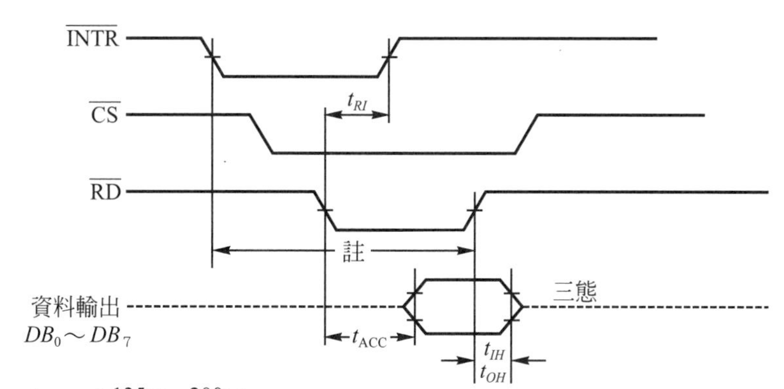

(a) $\overline{INTR}$與輸出資料的致能時序

圖7-5 ADC0804讀寫之時序圖

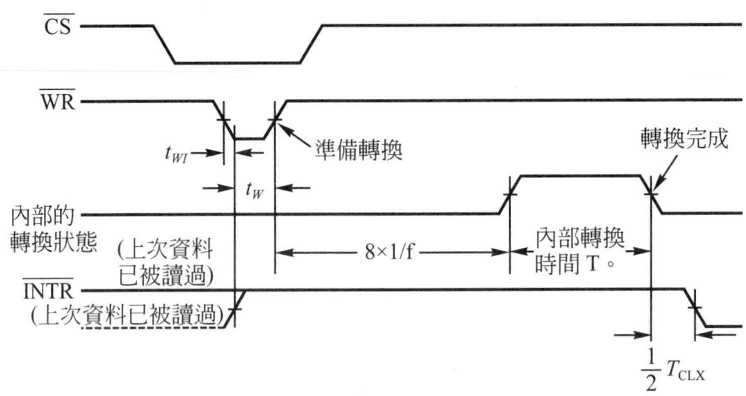

t_W：100ns

t_{WI}：300ns～450ns

(b) $\overline{CS}$，$\overline{WR}$ 的時序與轉換完成的關係

圖 7-5 (續)

實驗 7-2：數位電壓表控制實驗

一、實驗目的

利用 ADC 0804 將一輸入電壓轉換成數位值，並計算出其電壓值。

二、實驗原理

本實驗是利用可變電阻輸入一 0～5V 類比電壓值至 ADC 0804 進行數位轉換，電腦經由 8255 讀取後將其數位值及計算的電壓值顯示在螢幕上。

三、實驗功能

經由可變電阻輸入 0～5V 的電壓，利用 ADC 0804 轉換成數位值，並計算其等值電壓顯示在螢幕上進行電壓量測。

四、實驗電路

本實驗電路如圖 7-2-1 所示，利用可變電阻模擬溫度電壓值與 OP741 組成之溫度感測電路，電壓輸入至 ADC0804，轉換爲數位資料，再經由 8255 讀入PC內加以運算處理，然後將電壓值顯示在螢幕上。其中ADC0804 的參考電壓V_{ref}決定輸入電壓的滿刻度值，本實驗由一分壓電路調整來決定，再經由OP741 做緩衝接到V_{ref}上。輸入電壓亦經由一緩衝器接到V_{+}端，因 ADC0804 爲一 5V 操作 IC，因此輸入電壓不要高於 5.6V 以上，負電壓也不要低於 0V 太多，不然ADC0804 很容易燒毀，特別注意。如果系統很複雜時，數位接地DGND及類比接地AGND要分開配線，最後再將兩接地接在一起，避免數位電路及類比電路產生干擾。圖 7-2-2 爲 ADC0804 滿刻度電壓及參考電壓值一對照圖。

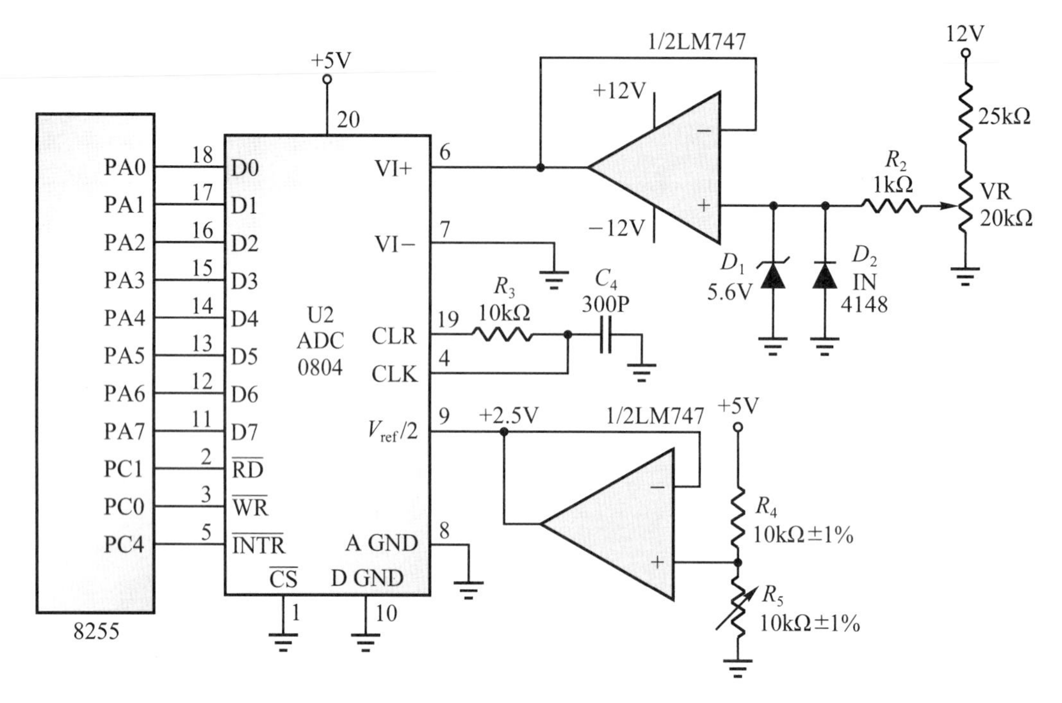

圖 7-2-1　數位電壓表控制電路圖

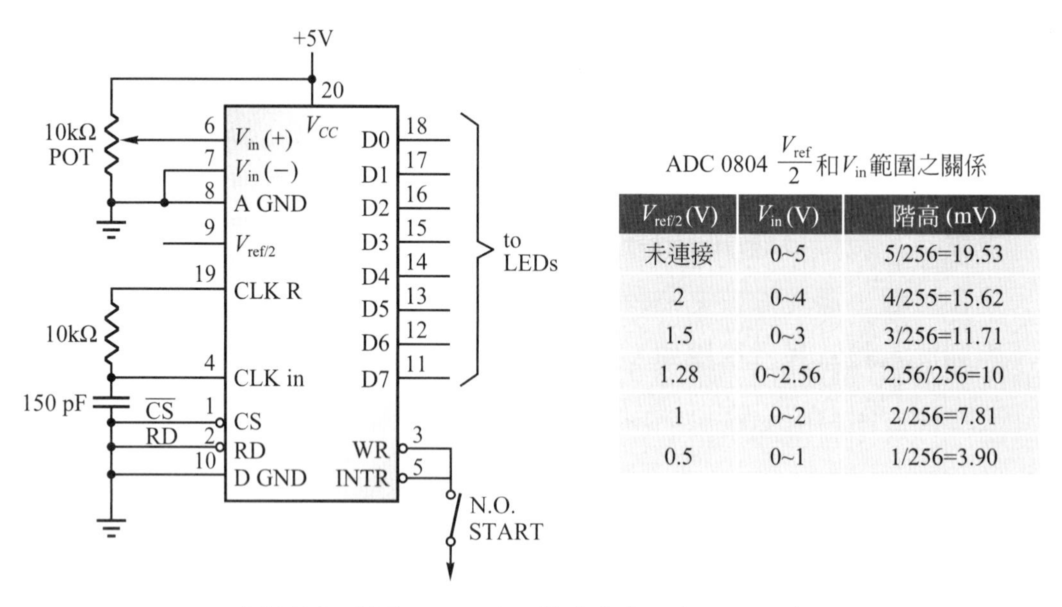

ADC 0804 $\frac{V_{ref}}{2}$ 和V_{in}範圍之關係

$V_{ref/2}$ (V)	V_{in} (V)	階高 (mV)
未連接	0~5	5/256=19.53
2	0~4	4/255=15.62
1.5	0~3	3/256=11.71
1.28	0~2.56	2.56/256=10
1	0~2	2/256=7.81
0.5	0~1	1/256=3.90

圖 7-2-2　以 Free running 模式測試 ADC0804 電路

五、實驗程式設計

(一)畫面設計

本實驗使用到二個物件，分別爲執行Command按鈕和結束Command按鈕，及二個 text 文字盒顯示 ADC 轉換十六進制值和等值電壓值。如圖7-2-3 所示。

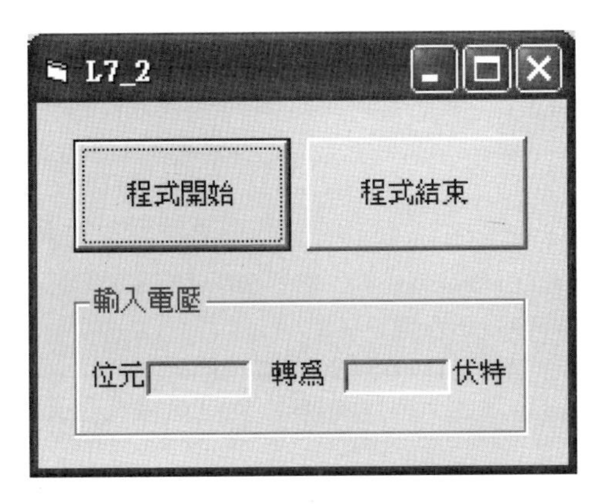

圖 7-2-3　實驗 7-2 之畫面設計

(二)程式設計

```
'    L7_2 數位電表控制實驗  ，使用 8255。
'    portB 爲資料埠,PC0->/WR,PC1->/RD,PC4->INTR


(A)程式  IN_OUT 模組
1    Public Declare Function Inp Lib "inpout32.dll" _
2    Alias "Inp32" (ByVal PortAddress As Integer) As Integer
3    Public Declare Sub out Lib "inpout32.dll" _
4    Alias "Out32" (ByVal PortAddress As Integer, ByVal Value As Integer)


(B)主程式
1    Option Explicit
2    Dim PortAddress As Integer
3    Dim Cword As Integer
4    Dim A8255 As Integer
5
6    Private Sub Command1_Click()
```

```
7    Dim FLAG As Boolean
8    Dim TEMP As Single
9    Dim value As Byte
10   Dim i As Byte
11   While (1)
12   Call Out_addr_data(A8255 + 2, &H2) '系統重置
13   Call Out_addr_data(A8255 + 2, &H3)
14   While (Not FLAG)  '判斷 intr 是否爲 0,是則進行溫度轉換
15   i = In_addr_data(A8255 + 2)
16   If (i And &H10) = 0 Then
17   FLAG = True
18   End If
19   DoEvents
20   Wend
21   Call Out_addr_data(A8255 + 2, &H1) '讀取數位溫度値
22   value = In_addr_data(A8255 + 1)
23   Label1.Caption = Hex(value) '顯示在螢幕上
24   TEMP = value / 256 * 5 '轉換爲電壓
25   Label3.Caption = TEMP '顯示在螢幕上
26   Call Out_addr_data(A8255 + 2, &H3)
27   Call Out_addr_data(A8255, value)
28   DoEvents
29   Delay 5000
30   Wend
31   End Sub
32
33   Private Sub Command2_Click()
34   End
35   End Sub
36
37   Private Sub Form_Load()
38   Cword = &H8A
39   A8255 = &H80
40   PortAddress = &H378
41   ut PortAddress + 2, &H7
42   Out_addr_data A8255 + 3, Cword
43   End Sub
44
45   Public Sub Delay(t As Integer)
46     Dim t1, t2 As Integer
47     For t1 = 0 To t
48       For t2 = 0 To t
```

```
49      Next t2
54      DoEvents
50    Next t1
51  End Sub
52
53  Public Function In_addr_data(addr As Integer)
54    Dim i, data As Integer
55    out PortAddress + 2, &H7  'out mode & ALE, /RD, /WR no active
56    out PortAddress, addr     'send address
57    out PortAddress + 2, &HF  'send ALE=high
58    out PortAddress + 2, &H7  'send ALE=low
59    out PortAddress, &HFF     'data port=&HFF for acting input
60    out PortAddress + 2, &H27 'set input mode
61    out PortAddress + 2, &H25 'send /RD=low
62    data = Inp(PortAddress)   'read data
63    out PortAddress + 2, &H27 'send /RD=high
64    In_addr_data = data
65  End Function
66
67  Public Sub Out_addr_data(addr As Integer, data As Variant)
68    Dim i As Integer
69    out PortAddress + 2, &H7 'out mode & ALE, /RD, /WR no active
70    out PortAddress, addr    'send address
71    out PortAddress + 2, &HF 'send ALE=high
72    out PortAddress + 2, &H7 'send ALE=low
73    out PortAddress, data    'send data
74    out PortAddress + 2, &H6 'send /WR=low
75    For i = 0 To 100 'delay
76    Next i
77    out PortAddress + 2, &H7 'send /WR=high
78  End Sub
```

程式 7-2　L7_2 數位電表控制實驗

(三) 程式說明：(B)主程式

行 號	說 明
1	強迫程式使用中的變數都必須宣告。
2～4	宣告使用的變數。
6～31	執行物件的副程式,主要是取樣A/D值,並轉換成溫度顯示在螢幕上。

11～31　取樣 A/D 值，並轉換成溫度顯示在螢幕上。

12～13　取樣類比信號 PC0(LOW→HIGH)。

14～20　判斷 intr 是否爲 0，是則進行溫度轉換。

15　讀取 intr 信號。

16～18　判斷 intr 是否爲 0，是則設定 FLAG=TRUE。

19　主要是讓其他物件可以繼續執行。

21～22　讀取數位溫度值。

23　以十六進制顯示在螢幕上。

24～25　以十進制顯示電壓值在螢幕上。

26　讀取完成。

27　輸出轉換直到 PORTA LED 顯示。

28　主要是讓其他物件可以繼續執行。

29　等待轉換。

33～35　結束物件的副程式，命令程式停止執行回到編輯狀態。

37～43　程式執行時自動執行表單載入物件的副程式，用來設定程式中的初始設定。

38　設定PORT A，PC_0～PC_3，爲MODE 0 輸出，PC_4～PC_7 爲輸入。

39　設定 8255 的起始位址爲 80H。

40　設定列表機埠位址爲 378H。

41　設定列表機埠爲輸出模式。

42　將 8255 控制碼寫入至 8255 控制暫存器。

45～51　時間延遲副程式。

53～65　將從擴充 IC8255 裡讀取資料的副程式。

55　設定列表機埠爲輸出模式，ALE=0，/RD=1，/WR=1 爲不作用狀態。

56　將位址從列表機資料埠輸出至位址栓鎖器 74373 上。

57～58　將 ALE 信號 輸出 HIGH→LOW 把位址鎖住在 74373 上，將指定位址送至擴充 IC8255 上。

59～60　設定列表機埠爲輸入模式。

61	將/RD 輸出 LOW
62	將資料從列表機資料埠讀取擴充 IC8255 的資料。
63	將/RD 輸出 HIGH 完成讀取程序。
64	將資料傳回。
67～78	將位址及資料寫入擴充 IC8255 裡的副程式。
69	設定列表機埠爲輸出模式，ALE=0，/RD=1，/WR=1 爲不作用狀態。
70	將位址從列表機資料埠輸出至位址栓鎖器 74373 上。
71～72	將 ALE 信號輸出 HIGH→LOW 把位址鎖住在 74373 上，將指定位址送至擴充 IC8255 上。
73	將資料從列表機資料埠輸出至擴充 IC8255 的資料匯流排上。
74～77	將/WR 輸出 LOW→HIGH 把資料寫入定址的暫存器裡。

六、問題

1. 利用 ADC0804，設計一 0～50kΩ的電阻量測控制實驗。
2. 利用 ADC0804，設計一 0～1000pf 的電容量測控制實驗。

實驗 7-3：數位溫度計

一、實驗目的

利用 ADC0804 及溫度感測器 AD590 製作一數位溫度計。

二、實驗原理

本實驗是利用溫度感測器AD590將溫度轉換成電壓信號。此一電壓信號傳送至 AD0804，轉換成數位資料。再將此數位資料傳送至電腦內，經由軟體程式換算成攝氏溫度，並顯示在螢幕上。

溫度感測器AD590是一與絕對溫度成正比的定電流源，感測的溫度範圍從－55℃至150℃，並以 1μA/°K 的方式輸出電流，具有相當好的線性輸出。AD590的接腳圖如圖 7-3-1 所示。

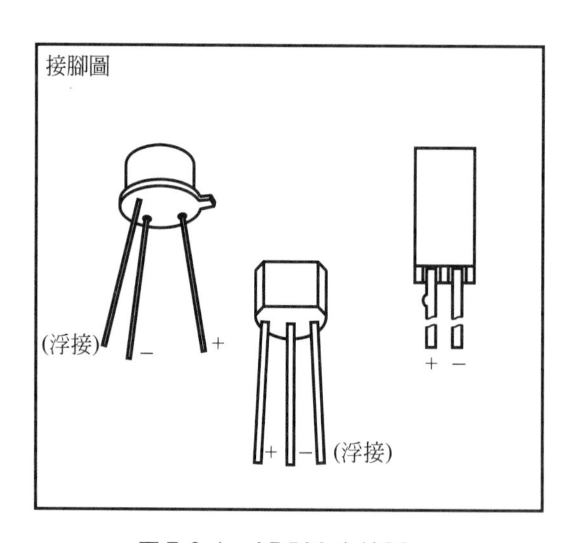

圖 7-3-1　AD590 之接腳圖

本實驗的溫度測量電路如圖 7-3-2 所示，溫度爲 0℃(273.2°K)時輸出電壓爲 273.2μA×10kΩ＝ 2.732V，25℃時爲 2.982V，因此只要將平均電壓刻度減掉 2.732V，即可得到攝氏溫度之值。

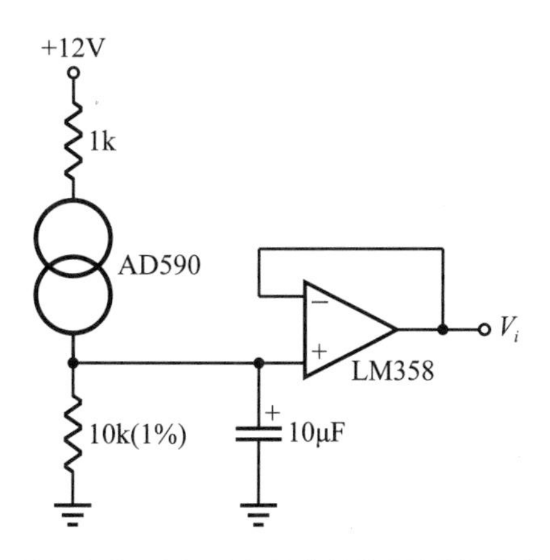

圖 7-3-2　AD590 溫度轉換電壓之電路

三、實驗功能

本實驗利用 ADC0804 及溫度感測器 AD590 組合成一個兩位數的數位溫度計，測量及顯示範圍爲 0℃到 99℃。

四、實驗電路

本實驗電路如圖 7-3-3 所示，AD590 與 OP741 組成之溫度感測電路將溫度轉換爲電壓值，此電壓輸入至 ADC0804，轉換爲數位資料，再由 8255 讀入 PC 內加以運算處理，然後將攝氏溫度顯示在螢幕上。

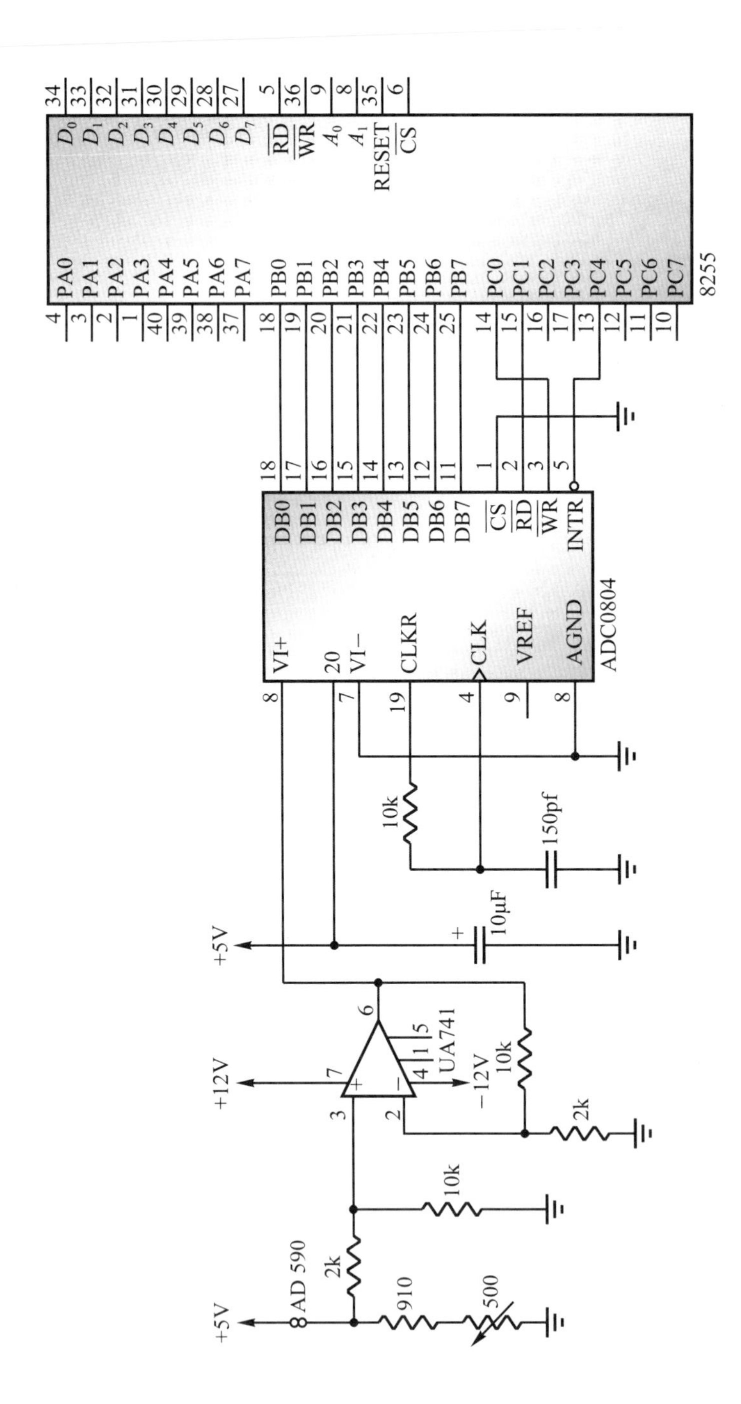

圖 7-3-3　溫度計實驗電路

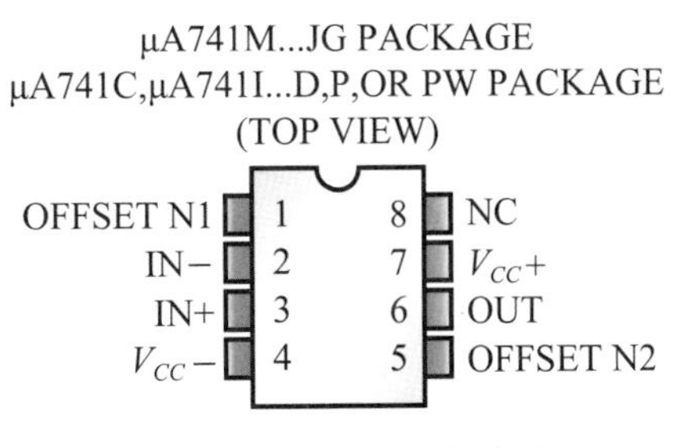

7-3-4 μA741C 接腳圖

五、實驗程式設計

(一)畫面設計

本實驗使用到二個物件，分別為執行Command按鈕和結束Command按鈕，及二個text文字盒顯示ADC轉換十六進制值和溫度值。如圖7-3-5所示。

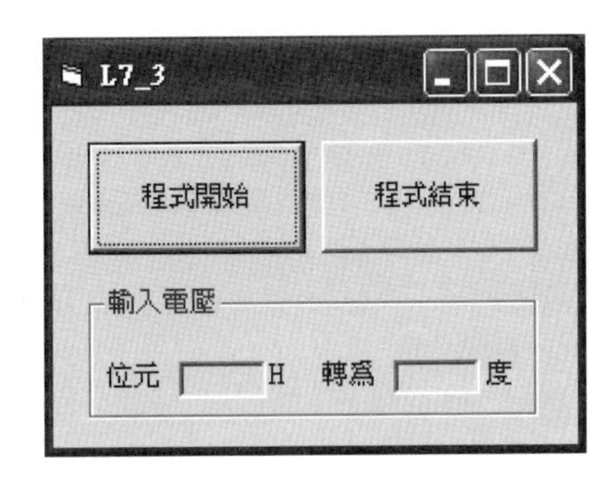

圖7-3-5 實驗7-3之畫面設計

(二)程式設計

```
'   L7-3 AD590&ADC0804 溫度控制實驗
'   portB 為資料埠,portC 為 r/w & intr

(A)程式  IN_OUT 模組
1   Public Declare Function Inp Lib "inpout32.dll" _
2   Alias "Inp32" (ByVal PortAddress As Integer) As Integer
3   Public Declare Sub out Lib "inpout32.dll" _
4   Alias "Out32" (ByVal PortAddress As Integer, ByVal Value As Integer)
```

(B)主程式

```
1   Option Explicit
2   Dim PortAddress As Integer
3   Dim Cword As Integer
4   Dim A8255 As Integer
5
6   Private Sub Command1_Click()
7   Dim FLAG As Boolean
8   Dim TEMP As Single
9   Dim value As Byte
10  Dim i As Byte
11  While (1)
12  Call Out_addr_data(A8255 + 2, &H2) '系統重置
13  Call Out_addr_data(A8255 + 2, &H3)
14  While (Not FLAG)  '判斷 intr 是否為 1,是則進行溫度轉換
15  i = In_addr_data(A8255 + 2)
16  If (i And &H10) = 0 Then
17  FLAG = True
18  End If
19  DoEvents
20  Wend
21  Call Out_addr_data(A8255 + 2, &H1) '讀取數位溫度值
22  value = In_addr_data(A8255 + 1)
23  Label1.Caption = Hex(value) '顯示在螢幕上
24  TEMP = value - 130 '轉換為電壓
25  Label3.Caption = TEMP '顯示在螢幕上
26  Call Out_addr_data(A8255 + 2, &H3)
27  Call Out_addr_data(A8255, value)
28  DoEvents
29  Delay 3000
30  Wend
31  End Sub
32
33  Private Sub Command2_Click()
34  End
35  End Sub
36
37  Private Sub Form_Load()
38  Cword = &H8A
39  A8255 = &H80
40  PortAddress = &H378
```

```
41  out PortAddress + 2, &H7
42  Out_addr_data A8255 + 3, Cword
43  End Sub
44
45  Public Sub Delay(t As Integer)
46    Dim t1, t2 As Integer
47    For t1 = 0 To t
48      For t2 = 0 To t
49      Next t2
50      DoEvents
51    Next t1
52  End Sub
53
54  Public Function In_addr_data(addr As Integer)
55    Dim i, data As Integer
56    out PortAddress + 2, &H7  'out mode & ALE, /RD, /WR no active
57    out PortAddress, addr     'send address
58    out PortAddress + 2, &HF  'send ALE=high
59    out PortAddress + 2, &H7  'send ALE=low
60    out PortAddress, &HFF     'data port=&HFF for acting input
61    out PortAddress + 2, &H27 'set input mode
62    out PortAddress + 2, &H25 'send /RD=low
63    data = Inp(PortAddress)   'read data
64    out PortAddress + 2, &H27 'send /RD=high
65    In_addr_data = data
66  End Function
67
68  Public Sub Out_addr_data(addr As Integer, data As Variant)
69    Dim i As Integer
70    out PortAddress + 2, &H7 'out mode & ALE, /RD, /WR no active
71    out PortAddress, addr    'send address
72    out PortAddress + 2, &HF 'send ALE=high
73    out PortAddress + 2, &H7 'send ALE=low
74    out PortAddress, data    'send data
75    out PortAddress + 2, &H6 'send /WR=low
76    For i = 0 To 100 'delay
77    Next i
78    out PortAddress + 2, &H7 'send /WR=high
79  End Sub
```

程式 7-3 L7-3 L7-3 AD590&ADC0804 溫度控制實驗

(三)程式說明：(B)主程式

行 號	說 明
1	強迫程式使用中的變數都必須宣告。
2～4	宣告使用的變數。
6～31	執行物件的副程式，主要是取樣 A/D 值，並轉換成溫度顯示在螢幕上。
11～30	取樣 A/D 值，並轉換成溫度顯示在螢幕上。
12～13	取樣類比信號 PC0 (LOW→HIGH)。
14～20	判斷 intr 是否爲 0，是則進行溫度轉換。
15	讀取 intr 信號。
16～18	判斷 intr 是否爲 0，是則設定 FLAG=TRUE。
19	主要是讓其他物件可以繼續執行。
21～22	讀取數位溫度值。
23	以十六進制顯示在螢幕上。
24～25	以十進制顯示溫度在螢幕上。
26	讀取完成。
27	輸出轉換到 PORTA LED 顯示。
28	主要是讓其他物件可以繼續執行。
29	等待轉換。
33～35	結束物件的副程式，命令程式停止執行回到編輯狀態。
37～43	程式執行時自動執行表單載入物件的副程式，用來設定程式中的初始設定。
38	設定 PORT A，PC_0～PC_3，爲 MODE 0 輸出，PC_4～PC_7 爲輸入，PORT B 爲輸入。
39	設定 8255 的起始位址爲 80H。
40	設定列表機埠位址爲 378H。
41	設定列表機埠爲輸出模式。
42	將 8255 控制碼寫入至 8255 控制暫存器。

51～63　將從擴充 IC8255 裡讀取資料的副程式。

53　設定列表機埠爲輸出模式，ALE=0，/RD=1，/WR=1 爲不作用狀態。

54　將位址從列表機資料埠輸出至位址栓鎖器 74373 上。

55～56　將 ALE 信號輸出 HIGH→LOW 把位址鎖住在 74373 上，將指定位址送至擴充 IC8255 上。

57～58　設定列表機埠爲輸入模式。

59　將/RD 輸出 LOW

60　將資料從列表機資料埠讀取擴充 IC8255 的資料。

61　將/RD 輸出 HIGH 完成讀取程序。

62　將資料傳回。

65～76　將位址及資料寫入擴充 IC8255 裡的副程式。

67　設定列表機埠爲輸出模式，ALE=0，/RD=1，/WR=1 爲不作用狀態。

68　將位址從列表機資料埠輸出至位址栓鎖器 74373 上。

69～70　將 ALE 信號輸出 HIGH→LOW 把位址鎖住在 74373 上，將指定位址送至擴充 IC8255 上。

71　將資料從列表機資料埠輸出至擴充 IC8255 的資料匯流排上。

72～75　將/WR 輸出 LOW→HIGH 把資料寫入定址的暫存器裡。

134～139　時間延遲副程式。

六、問 題

1. 利用 PT100 溫度感測器及 ADC0804，設計一 0℃～100℃的溫度量測控制實驗。
2. 利用重量感測器及 ADC0804，設計一 0～5kg的重量量測控制實驗。
3. 利用 PT100 溫度感測器及 ADC0804，設計一 10℃～50℃的溫度量測控制實驗。

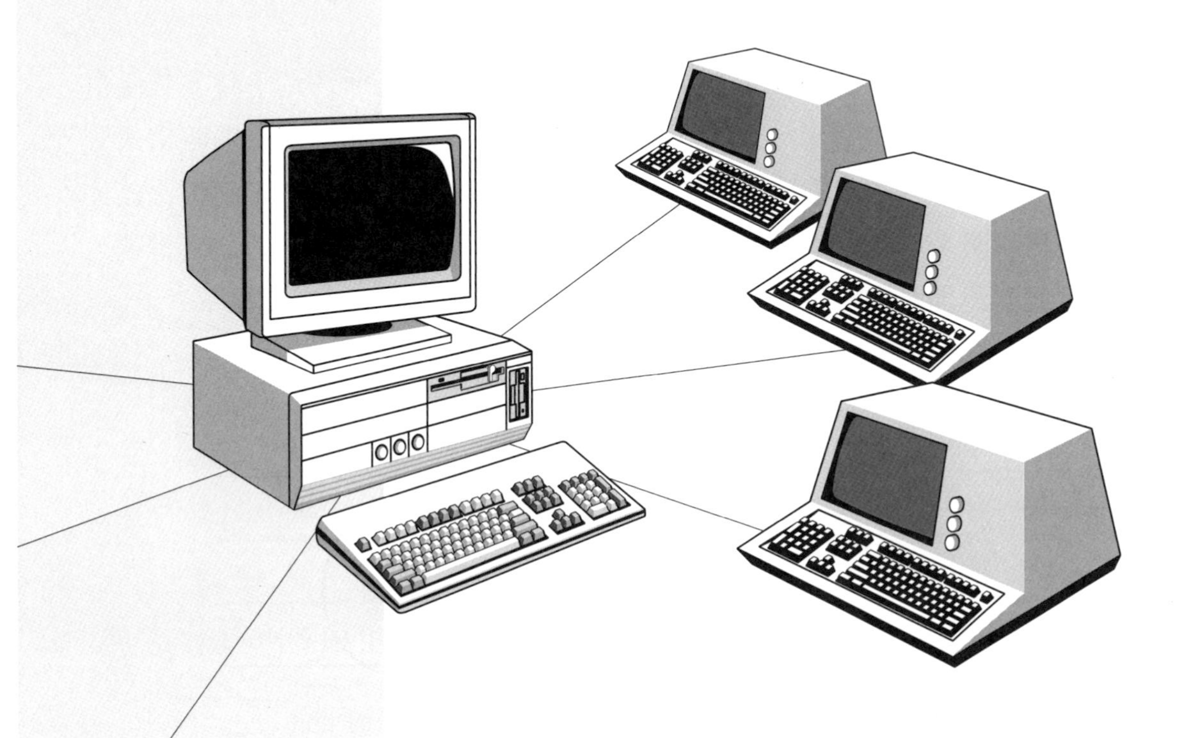

第8章

步進馬達控制

實驗 8-1：步進馬達控制實驗

一、實驗目的

瞭解步進馬達控制的方法。

二、實驗原理

步進馬達的基本構造可分爲定子和轉子。當電流通過定子時，其產生的磁場可用來推動轉子，使轉子轉動。一般小型的步進馬達多爲四相式，即定子上有四組相對的線圈，稱爲A、$\overline{A}$、B、$\overline{B}$相，各提供90°的相位差，其結構如圖 8-1-1 所示。若步進馬達爲單極磁式，則每接收一個脈衝信號，就會走一步即轉動一個角度，稱爲步進角，通常爲0.9°～1.8°。

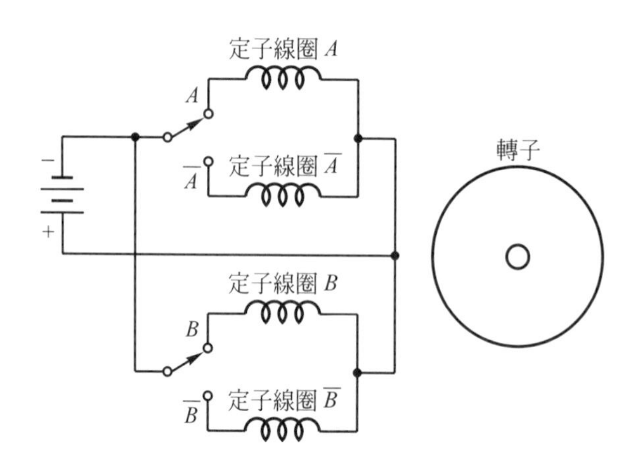

圖 8-1-1　步進馬達內部結構及接線圖

四相式步進馬達的激磁方式可以分爲全步激磁與半步激磁二種。全部激磁又可分爲一相激磁及二相激磁二種方式，茲將這三種激磁方式作一介紹。

1. 一相激磁：當一個脈波信號輸入後，四組線圈相位中只有一組相位激磁，即電流只通過其中一組線圈，故每次可移動一個基本步進角，其激磁表如圖 8-1-2 所示。此種方式轉動時有力矩較小、振動較大和易失步等缺點。

	A	B	$\overline{A}$	$\overline{B}$
STEP 1	1	0	0	0
STEP 2	0	1	0	0
STEP 3	0	0	1	0
STEP 4	0	0	0	1
STEP 5	1	0	0	0
STEP 6	0	1	0	0
STEP 7	0	0	1	0
STEP 8	0	0	0	1

圖 8-1-2　一相激磁順序表

2. 二相激磁：當脈波信號輸入後，有二組相位被激磁，即電流通過其中二組線圈，使步進馬達每次移動一個基本步進角，其激磁表如圖 8-1-3 所示，但由於同時有二相被激磁，故產生的力矩較大，振動較小且不易失步。

	A	B	$\overline{A}$	$\overline{B}$
STEP 1	1	1	0	0
STEP 2	0	1	1	0
STEP 3	0	0	1	1
STEP 4	1	0	0	1
STEP 5	1	1	0	0
STEP 6	0	1	1	0
STEP 7	0	0	1	1
STEP 8	1	0	0	1

圖 8-1-3　二相激磁順序表

3. 一、二相激磁：將上述二種激磁方式合併，其中A相和B相採交互激磁的順序，故每次步進馬達只移動半個基本步進角，其激磁表如圖8-1-4所示。此種方式旋轉時較平滑，且振動的程度最低。

	A	B	$\overline{A}$	$\overline{B}$
STEP 1	1	0	0	0
STEP 2	1	1	0	0
STEP 3	0	1	0	0
STEP 4	0	1	1	0
STEP 5	0	0	1	0
STEP 6	0	0	1	1
STEP 7	0	0	0	1
STEP 8	1	0	0	1

圖8-1-4　一、二相激磁順序表

步進馬達的驅動電路，一般是採用高功率的達寧頓電晶體如TIP120、TIP122，也可使用四個達寧頓電晶體組合而成的FT5754，或步進馬達專用的ULN-2003A或PMM8713等IC。

三、實驗功能

控制步進馬達以一、二相及一二相激磁法作正、逆之旋轉。

四、實驗電路

實驗電路如圖8-1-5所示，以8255埠A將激磁表之資料依序輸出至ULN-2003A IC，以控制步進馬達之旋轉。

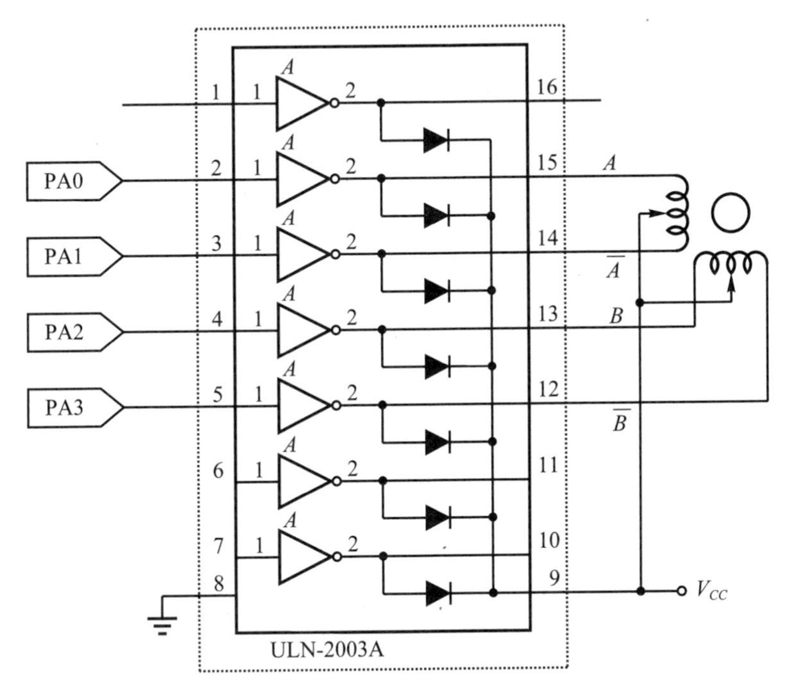

圖 8-1-5　ULN-2003A 驅動電路

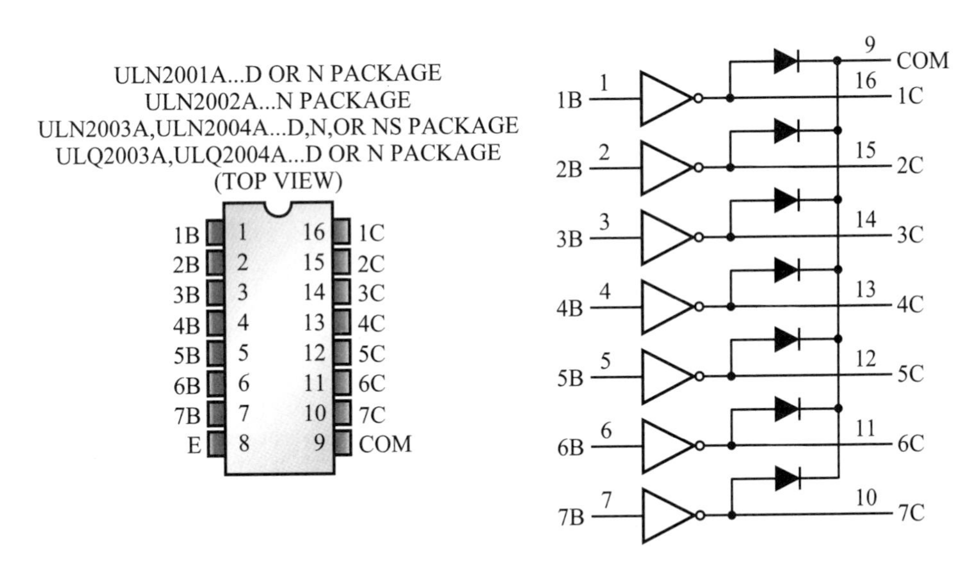

圖 8-1-6　ULN-2003A 接腳圖及內部邏輯電路(摘錄自德州儀器資料手冊)

五、實驗程式設計

(一)畫面設計

本實驗使用到二個物件，分別爲執行Command按鈕和結束Command按鈕，三個選項物件用來選擇激磁方式，一個正反轉按鈕，及一個迴圈數text文字盒。如圖8-1-7所示。

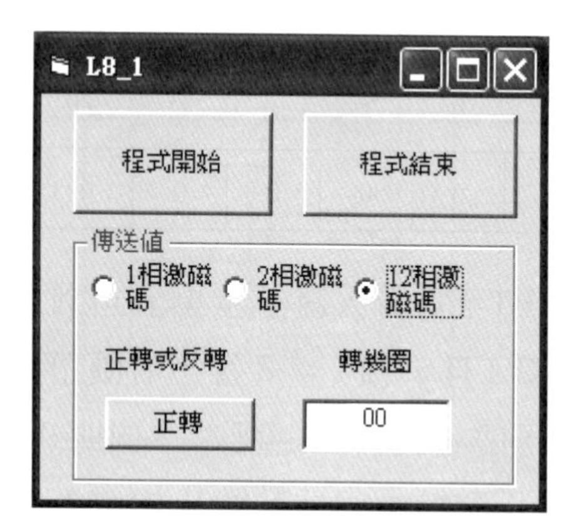

圖8-1-7　實驗8-1之畫面設計

(二)程式設計

```
'      L8_1  步進馬達控制實驗，使用 8255。
'      PA0->A ,PA1->/A,PA2->B,PA3->/B
```

(A)程式　IN_OUT 模組

```
1      Public Declare Function Inp Lib "inpout32.dll" _
2      Alias "Inp32" (ByVal PortAddress As Integer) As Integer
3      Public Declare Sub out Lib "inpout32.dll" _
4      Alias "Out32" (ByVal PortAddress As Integer, ByVal Value As Integer)
```

(B)主程式

```
1      Option Explicit
2      Dim ct As Boolean
3      Dim ch As String
4      Dim PortAddress As Integer
5      Dim Cword As Integer
6      Dim A8255 As Integer
```

```
7      Dim trun_right12 As Variant
8      Dim trun_right1  As Variant
9      Dim trun_right2  As Variant
10     Dim trun_left12  As Variant
11     Dim trun_left1   As Variant
12     Dim trun_left2   As Variant
13
14     Private Sub Command3_Click()
15     End
16     End Sub
17
18     Private Sub Form_Load()
19     'motor 逆時針 12 相激磁碼
20     trun_right12 = Array(&H9, &H1, &H5, &H4, &H6, &H2, &HA, &H8)
21     'motor 逆時針 1 相激磁碼
22     trun_right1 = Array(&H1, &H4, &H2, &H8)
23     'motor 逆時針 2 相激磁碼
24     trun_right2 = Array(&H5, &H6, &HA, &H9)
25     'motor 順時針 12 相激磁碼
26     trun_left12 = Array(&H8, &HA, &H2, &H6,&H4, &H5, &H1, &H9)
27     'motor 順時針 1 相激磁碼
28     trun_left1 = Array(&H8, &H2, &H4, &H1)
29     'motor 順時針 2 相激磁碼
30     trun_left2 = Array(&H9, &HA, &H6, &H5)
31     Cword = &H80
32     A8255 = &H80
33     PortAddress = &H378
34     out PortAddress + 2, &H7
35     Out_addr_data A8255 + 3, Cword
36     End Sub
37
38     Private Sub Command1_Click()
39     Dim x As Integer
40     Dim i As Integer
41     Dim j As Integer
42     x = Val(Text2.Text)   '輸入圈數
43     x = x * 50    '一圈為 400step
44     While (ct = True)    '判斷是否為反轉
45     Select Case ch
46     Case "1 相激磁碼"
47     For j = 0 To x - 1
48   For i = 0 To 3
```

```
49   Out_addr_data A8255, trun_right1(i) '送出激磁碼
50   Delay 1500
51   Next i
52   DoEvents
53     Next j
54     GoTo loop1
55     Case "2 相激磁碼"
56     For j = 0 To x - 1
57   For i = 0 To 3
58   Out_addr_data A8255, trun_right2(i) '送出激磁碼
59   Delay 1500
60   Next i
61   DoEvents
62     Next j
63     GoTo loop1
64   Case "12 相激磁碼"
65     For j = 0 To x - 1
66   For i = 0 To 7
67   Out_addr_data A8255, trun_right12(i) '送出激磁碼
68   Delay 1500
69   Next i
70   DoEvents
71     Next j
72     End Select
73     GoTo loop1
74     Wend
75     While (ct = False)    '判斷是否爲正轉
76     Select Case ch
77  Case "1 相激磁碼"
78     For j = 0 To x - 1
79   For i = 0 To 3
80   Out_addr_data A8255, trun_left1(i) '送出激磁碼
81   Delay 1500
82   Next i
83   DoEvents
84     Next j
85     GoTo loop1
86  Case "2 相激磁碼"
87     For j = 0 To x - 1
88   For i = 0 To 3
89   Out_addr_data A8255, trun_left2(i) '送出激磁碼
90   Delay 1500
```

```
91   Next i
92   DoEvents
93     Next j
94     GoTo loop1
95  Case "12 相激磁碼"
96     For j = 0 To x - 1
97   For i = 0 To 7
98   Out_addr_data A8255, trun_left12(i) '送出激磁碼
99   Delay 1500
100  Next i
101  DoEvents
102    Next j
103    End Select
104    GoTo loop1
105    Wend
106    loop1:
107    End Sub
108
109    Public Sub Delay(t As Integer)
110    Dim t1, t2 As Integer
111    For t1 = 0 To t
112      For t2 = 0 To t
113      Next t2
114    Next t1
115    End Sub
116
117    Private Sub Command2_Click()
118    If ct = False Then
119    Command2.Caption = "反轉"
120    ct = True
121    Else
122    Command2.Caption = "正轉"
123    ct = False
124    End If
125    End Sub
126
127    Private Sub Option1_Click(Index As Integer)
128    Dim i
129     For i = 0 To 2
130       If Option1(i).Value = True Then
131        ch = Option1(i).Caption
132       End If
```

```
133      Next i
134    End Sub
135
136    Public Sub Out_addr_data(addr As Integer, data As Variant)
137    Dim i As Integer
138    out PortAddress + 2, &H7 'out mode & ALE, /RD
       /WR no active
139    out PortAddress, addr    'send address
140    out PortAddress + 2, &HF 'send ALE=high
141    out PortAddress + 2, &H7 'send ALE=low
142    out PortAddress, data    'send data
143    out PortAddress + 2, &H6 'send /WR=low
144    For i = 0 To 100 'delay
145    Next i
146    out PortAddress + 2, &H7 'send /WR=high
147    End Sub
```

程式 8-1　L8_1　步進馬達控制實驗，使用 8255

(三)程式說明：(B)主程式

行　號	說　　　　明
1	強迫程式使用中的變數都必須宣告。
2～12	宣告使用的變數。
14～16	結束物件的副程式，命令程式停止執行回到編輯狀態。
18～36	程式執行時自動執行表單載入物件的副程式，用來設定程式中的初使設定。
19～30	定義 1 相，2 相，12 相激磁及正反轉的控制碼。
31	設定 PORT A，PORT B，PORT C，爲 MODE 0 輸出模式的控制碼。
32	設定 8255 的起始位址爲 80H。
33	設定列表機埠位址爲 378H。
34	設定列表機埠爲輸出模式。
35	設定 PORT A、PORT B、PORT C，爲 MODE 0 輸出模式。
38～107	執行物件的副程式，並啓動 Timer1 開始計時。

42	在文字盒輸入欲轉的圈數。
43	圈數乘以迴圈數爲馬達行走總步數。
44	判斷是否爲反轉。
45	選擇哪一種激磁方式。
47～51	爲一相激磁驅動，並依輸入的轉動方式旋轉。
52	在轉動過程中相關物件仍可執行。
53	執行完旋轉後，回到LOOP1等待另一動作。
55～62	爲二相激磁驅動，並依輸入的轉動方式旋轉。
61	過程中相關物件仍可執行。
63	執行完旋轉後，回到LOOP1等待另一動作。
64～72	爲一二相激磁驅動，並依輸入的轉動方式旋轉。
70	動過程中相關物件仍可執行。
73	執行完旋轉後，回到LOOP1等待另一動作。
75	判斷是否爲正轉。
77～104	同44～74說明，只是改成正轉。
105～107	爲等待迴圈。
109～115	時間延遲副程式。
117～125	顯示與設定正反轉設定物件副程式。
127～134	爲1相，2相，12相激磁選項物件副程式。
136～147	將位址及資料寫入擴充IC8255裡的副程式。
138	設定列表機埠爲輸出模式，ALE=0，/RD=1，/WR=1爲不作用狀態。
139	將位址從列表機資料埠輸出至位址栓鎖器74373上。
140～141	將ALE信號輸出HIGH→LOW把位址鎖住在74373上，將指定位址送至擴充IC8255上。
142	將資料從列表機資料埠輸出至擴充IC8255的資料匯流排上。
143～146	將/WR輸出LOW→HIGH把資料寫入定址的暫存器裡。

六、問題

1. 將本實驗擴充一 4×4 鍵盤，可經由此鍵盤輸入正反轉及激磁方式，以及開始和結束等動作要求，並將這些設定顯示於螢幕上。
2. 續上題，在外加一 LCD 顯示器，將由鍵盤輸入的動作要求顯示於 LCD 上及螢幕上。
3. 將等速控制改爲斜坡式加/減速度控制。

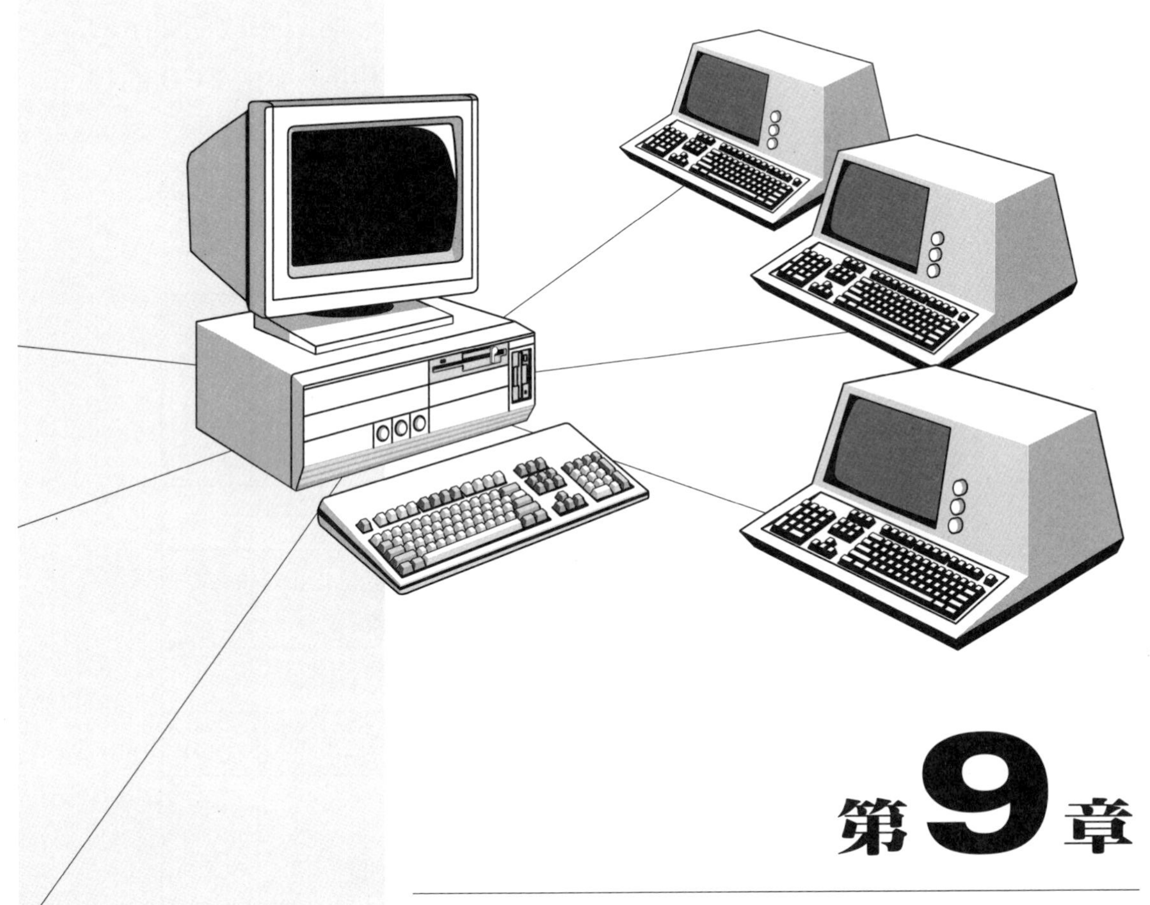

第 9 章

液晶顯示器

實驗 9-1：LCD 顯示控制實驗(一)

一、實驗目的

瞭解LCD的控制方法。

二、實驗原理

LCD(Liquid Crystal Display)內部有字元產生器，可以接收欲顯示的字元碼(ASCII CODE)，並將其存入到顯示資料 RAM 中，而由 LCD 的控制器來控制及顯示。其介面信號亦相當簡單，一共有十四條信號線，每一個信號線的意義及用途請參閱表 9-1-1。

表 9-1-1　LCD 模組的介面信號

接腳	信號名稱	輸入／輸出	功能
1	V_{SS}	I	電源接地
2	V_{DD}	I	＋5 電源供應
3	V_{S}	I	調整顯示器的明暗度
4	RS	I	LCD 內部暫存器的選擇線，當 RS＝1 爲 data I/O，RS＝0 爲 instruction I/O。
5	$R/\overline{W}$	I	讀／寫信號
6	E	I	LCD 致能信號(Enable Latch on Fall)
7	DB_0	I/O	所有的資料線爲正緣邏輯 此四位元使用在 8 位元資料傳輸
8	DB_1	I/O	
9	DB_2	I/O	
10	DB_3	I/O	
11	DB_4	I/O	此四位元被使用在 4 位元或 8 位元資料傳輸
12	DB_5	I/O	
13	DB_6	I/O	
14	DB_7	I/O	←在讀取旗號時，此位元 7 亦可以當 *BF* 旗號

LCD的電於連接及顯示器明暗度的調整如圖9-1-1所示。在使用LCD模組時，需特別注意電源接腳是否接對，以免LCD損壞。

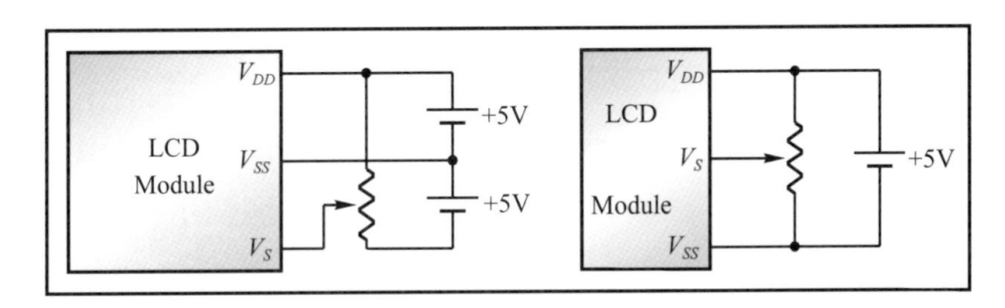

圖9-1-1　LCD模組電源電路

LCD模組內部有許多暫存器及記憶單元，其功能說明如下：

1. 指令暫存器(Instruction register，IR)：

   當CPU要對LCD模組執行內建功能時，必須將命令碼寫入IR內，除了設定功能之外，IR也用於儲存DD RAM和CG RAM的位址，詳細敘述於後。

2. 資料暫存器(Data Register，DR)：

   有關寫入DD RAM或CG RAM的資料值及讀取DD RAM或CG RAM的內含值皆經由DR暫存器。而在CPU讀取DR內容值之後，資料暫存器自動載入下一個位址的內容，因此CPU就可直接去讀取下一個位址的資料，另外在寫入資料的動作，只要設定DD RAM或CG RAM的起始位址，CPU就可以連續的寫入資料到相關的位址中。(即位址計數器會自動的指向下一個位置)。

3. 忙碌旗號(Busy Flag，BF)：

   BF旗號可以經由設定RS＝0，$R/\overline{W}$＝1來讀取資料，而BF即所讀資料的DB_7位元值，如果BF＝1時，則外界不可以要求LCD模組再執行其他功能，如果仍繼續寫入其他命令至LCD，它亦不會接收這些命令，因此使用者在寫入資料至LCD模組前必須先確定BF＝0。

4. 位址計數器(Address Counter，AC)：

   指向經由位址命令所設定的DD RAM或CG RAM位址，在讀寫DD RAM或CG RAM之後，位址計數器自動指向下一個位置。另外AC的內容亦可以利用命令來讀取。當RS＝0，R/$\overline{W}$＝1時，則所讀的資料中DB_0～DB_6即爲目前AC的內容值。

5. 顯示資料RAM(DD RAM)：

DD RAM爲一80位元組的儲存資料區域，而由AC指向目前顯示資料位址，一個DD RAM位址對應一個顯示位置，寫入不同的字元碼就顯示不同的字型。

RAM位址與顯示位置對應關係有三種形式：

(1) 形式A：單列顯示器

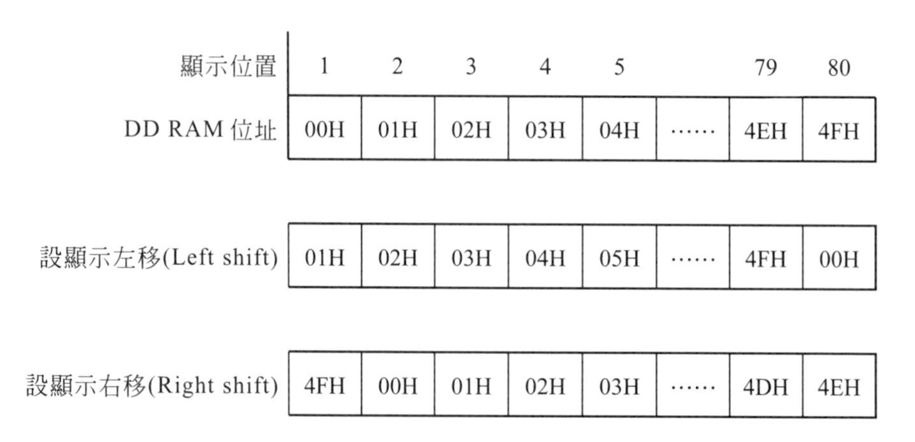

顯示位置	1	2	3	4	5		79	80
DD RAM位址	00H	01H	02H	03H	04H	……	4EH	4FH
設顯示左移(Left shift)	01H	02H	03H	04H	05H	……	4FH	00H
設顯示右移(Right shift)	4FH	00H	01H	02H	03H	……	4DH	4EH

由於 DD RAM 有80bytes，但顯示器通常只有一列16字或20字，則由第一個位置對應到第16個位置或第20個位置。

(2) 形式B：雙列顯示器

顯示位置	1	2	3	4	5	6	7	8		39	40
Line1	00H	01H	02H	03H	04H	05H	06H	07H	……	26H	27H
Line2	40H	41H	42H	43H	44H	45H	46H	47H	……	66H	67H

	DD RAM位址(HEX)								
設顯示向	01H	02H	03H	04H	05H	06H	07H	……	27H	00H
左移一位	41H	42H	43H	44H	45H	46H	47H	……	67H	40H

設顯示向	27H	00H	01H	02H	03H	04H	05H	……	25H	26H
右移一位	67H	40H	41H	42H	43H	44H	45H	……	65H	66H

雙列顯示器位置與位址對應須注意，第二列之位址與第一列位址不連續，但總數仍爲80個位址，第一列由00H～27H，第二列由40H～67H，寫入位址指令時要注意。若顯示一列僅有16或20字，則由第1位置到第16或20個位置對應之。

(3) 形式C：單列顯示但以雙列方式定址

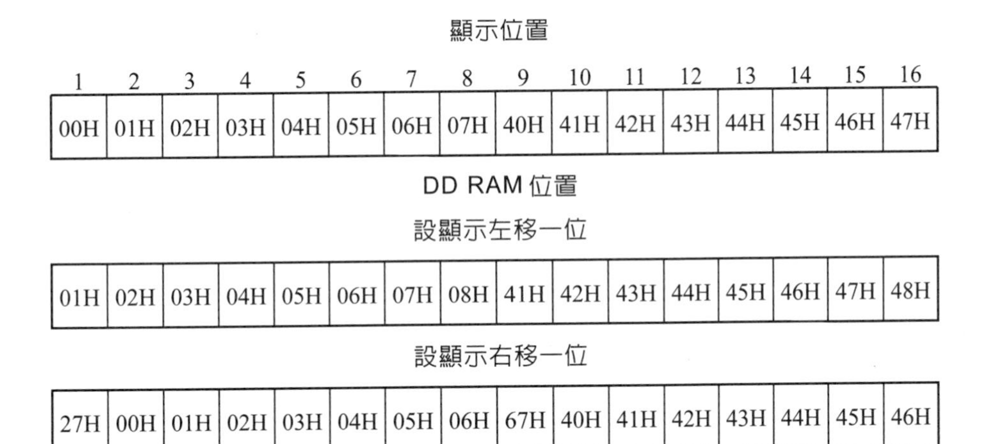

顯示位置

1	2	3	4	5	6	7	8	9	10	11	12	13	14	15	16
00H	01H	02H	03H	04H	05H	06H	07H	40H	41H	42H	43H	44H	45H	46H	47H

DD RAM 位置

設顯示左移一位

01H	02H	03H	04H	05H	06H	07H	08H	41H	42H	43H	44H	45H	46H	47H	48H

設顯示右移一位

27H	00H	01H	02H	03H	04H	05H	06H	67H	40H	41H	42H	43H	44H	45H	46H

此種形式僅有十六字單列顯示器，編號爲LM 16152、LM16152A及LM 16155。其位址與顯示位置對應較特殊，即右邊8個位數(Digit)相當第二列位址。一般市面所售多爲Type a及Type b。

注意：在整個移動過程，並未將資料漏失，只是顯示位置有所不同而已。

6. 字元產生ROM(CG ROM)：

其中CG ROM內存LCD模組所能顯示的所有字型，只需要對LCD模組寫入所要顯示的ASCII碼至DD RAM，LCD即會從字元產生ROM查得該字碼的5×7點矩陣字型，而顯示在LCD的面板。如下表9-1-2所示。

表 9-1-2　CG ROM 的 ASCII 碼 5×7 點矩陣字型對照表

高階 4 位元 / 低階 4 位元	0000	0010	0011	0100	0101	0110	0111	1010	1011	1100	1101	1110	1111
××××0000	CG RAM (1)		0	@	P	`	p		ー	タ	ミ	α	p
××××0001	(2)	!	1	A	Q	a	q	。	ア	チ	ム	ä	q
××××0010	(3)	"	2	B	R	b	r	「	イ	ツ	メ	β	θ
××××0011	(4)	#	3	C	S	c	s	」	ウ	テ	モ	ε	∞
××××0100	(5)	$	4	D	T	d	t	、	エ	ト	ヤ	μ	Ω
××××0101	(6)	%	5	E	U	e	u	・	オ	ナ	ユ	σ	ü
××××0110	(7)	&	6	F	V	f	v	ヲ	カ	ニ	ヨ	ρ	Σ
××××0111	(8)	'	7	G	W	g	w	ァ	キ	ヌ	ラ	g	π
××××1000	同(1)	(	8	H	X	h	x	ィ	ク	ネ	リ	√	x̄
××××1001	同(2)	)	9	I	Y	i	y	ゥ	ケ	ノ	ル	⁻¹	y
××××1010	同(3)	*	:	J	Z	j	z	ェ	コ	ハ	レ	j	千
××××1011	同(4)	+	;	K	[	k	{	ォ	サ	ヒ	ロ	ˣ	万
××××1100	同(5)	,	<	L	¥	l	|	ャ	シ	フ	ワ	¢	円
××××1101	同(6)	-	=	M	]	m	}	ュ	ス	ヘ	ン	£	÷
××××1110	同(7)	.	>	N	^	n	→	ョ	セ	ホ	゛	ñ	
××××1111	同(8)	/	?	O	_	o	←	ッ	ソ	マ	゜	ö	█

7. 字元產生RAM(CG RAM)：

在表9-1-2中左邊一行爲CG RAM的相對位址碼是0～15，其中0-8，1-9，…，7-15爲相同的CG RAM字型，亦即LCD提供8個位置讓使用者自行設計所要顯示的字型(造字區)。而設定CG RAM的過程爲：

(1) 首先對LCD模組執行設定CG RAM位址的命令，CG RAM位址佔有6位元，其中A_3～A_5指定所設定的CG RAM位址(0～7)，而A_0～A_2指明所要設定的字型列，LCD的字型是5×7的點矩陣佔前7列，而第8列留給游標使用。

(2) 接下來執行所要設定資料寫入動作，所寫入的資料即會設定該列的字型，其中“1”代表亮點顯示，“0”表示不顯示，因爲每一列只有5點，因而只有D_0～D_4爲有效位元，在寫入一列資料後，CG RAM的位址會自動移至下一列，因此使用者要設定一字型可連續寫入8筆資料來完成一字型的設定。表9-1-3爲字元碼R及￥，CG RAM位址與設計字型的對應表。

8. 時序產生器(Timing Generator)：

供應DD RAM、CG RAM及CG ROM內部運作之時序信號。

9. 游標／閃爍控制器(Cursor/Blink Controller)

用來產生一個游標和一個閃爍的字元，顯示在DD RAM目前位址所指的顯示位置，游標爲字元下的一條橫線。

10. 並列對串列轉換器(Parallel-to-Serial Converter)：

將CG ROM或CG RAM中讀出的並列資料轉成串列資料送到顯示驅動器。

11. 偏壓產生器(Bias Voltage Generator)：

用來產生液晶顯示器(LCD)顯示時所需的偏壓準位。

12. LCD驅動器(LCD Driver)：

此電路接收顯示資料，時序信號和偏壓來產生共同背景及各段顯示信號。

表 9-1-3　為字元碼 R 及￥字元，CG RAM 位址與設計字型的對應表

字元碼		CG RAM 位址		字型圖型	
76543210		543210		543210	
MSB LSB		MSB LSB		MSB LSB	
			000	★★★	11110
			001	↑	10001
			010		10001
0000★000		000	011		11110
			100		10100
			101		10010
			110	↓	10001
			111	★★★	11110
			000	★★★	10001
			001	↑	01010
			010		11111
0000★001		001	011		00100
			100		11111
			101		00100
			110	↓	00100
			111	★★★	00000
⋮		⋮			
			000	★★★	
			001	↑	
0000★111		111			
			100		
			101		
			110	↓	
			111	★★★	

13. LCD 面板(LCD Panel)：

點矩陣液晶顯示面板，有一列 16 字，兩列 16 字，兩列 20 字及兩列 40 字等種類，字元與字元間有一點間隙。

以上僅對 LCD 模組幾個方塊做一說明，其餘主要用於推動 LCD 顯示之用，不再敘述，接下來我們針對LCD模組所提供的命令及使用設定格式

做一介紹，這樣才能順利使用LCD模組於各種應用中。基本上所提供的命令可以區分爲下面三類：

1. 設定LCD的功能。
2. 定址LCD內部RAM的位址。
3. 讀／寫LCD內部RAM的資料。

在對LCD模組發出寫入命令時，須先對LCD模組的"忙碌旗號／位址計數器"進行讀取命令，以確定LCD執行完內部功能(即BF＝0)，而可以再接收其他命令。LCD模組在執行第三類命令之後，位址計數器會自動指到下一個位置(加1或減1則視設定的工作模式而定)，因而使用者在頻繁地寫入／讀取資料之時不必再去處理資料位址的增減，以下就將LCD模組內部提供的命令逐一說明。

1. 清除顯示資料RAM命令：

RS	R/$\overline{W}$	D_7	D_6	D_5	D_4	D_3	D_2	D_1	D_0
0	0	0	0	0	0	0	0	0	1

執行上面的命令之後，將會做下列的動作：

(1) 位址計數器重置爲00H。
(2) DD RAM的內含全部填寫爲空白字元20H。
(3) 如果有執行過移位動作時，將會回復到未移位前的位址。
(4) 顯示板不顯示任何字元，顯示功能停止。
(5) 如果有設定游標，將移至第一列第一個位置。

2. 顯示區域／游標歸零命令(Display/Cursor Home)：

RS	R/$\overline{W}$	D_7	D_6	D_5	D_4	D_3	D_2	D_1	D_0
0	0	0	0	0	0	0	0	1	×

×：表 don't care

接收到此命令將有下列動作：

(1) AC 值等於 00H，指向第一列第一個位置。

(2) 如果有移位動作，DD RAM 位址將回復到未移位前的位址。

(3) DD RAM 中的內含不受影響。

(4) 如有設定游標，將移到第一列第一個位置。

3. 進入模式設定命令(Entry Mode Set)：

RS	R/$\overline{W}$	D_7	D_6	D_5	D_4	D_3	D_2	D_1	D_0
0	0	0	0	0	0	0	1	I/D	S

位元 0(S)：此位元決定在寫入資料至DD RAM之後整個顯示區域是否會發生移位動作，當S＝1時，且I/D＝1，整個顯示區域會向右移至I/D＝0則向左移動一個位置，如果S＝0則不會移動。對於游標及字元閃爍功能仍會留在同一位置，如果在執行寫入資料至CG RAM，則此位元沒有作用。

位元 1(I/D)：此位元設定 AC 是要自動加 1 或減 1，I/D ＝1 則執行DD RAM或CG RAM的資料讀／寫之後AC的內容會加 1，I/D＝0 則減 1，同樣的，游標和字元閃爍也會向右或向左移動至下一個字元。

4. 顯示區域ON/OFF(Display ON/OFF)：

RS	R/$\overline{W}$	D_7	D_6	D_5	D_4	D_3	D_2	D_1	D_0
0	0	0	0	0	0	1	D	C	B

其中B：當 B ＝ 1，游標所在位置的顯示字型將會發生閃爍功能(即游標和字型互閃爍)，B ＝ 0 則不會閃爍。

C：當 C ＝ 1，游標會出現在目前AC所指定的顯示位置，C＝0 則無游標。

D：當 D ＝ 1，顯示幕開啟(turn on)，即顯示 DD RAM 的資料到 LCD 面板。

當 D = 0，顯示幕關閉(turn off)，即 LCD 面板不顯示任何字元，但 DD RAM 的資料不變。

5. 顯示區域／游標移動命令(Display/Cursor Shift)：

RS	R/$\overline{W}$	D_7	D_6	D_5	D_4	D_3	D_2	D_1	D_0
0	0	0	0	0	1	S/C	R/L	×	×

其中：

S/C	R/L	功　　能
0	0	游標向左移一位(AC←AC − 1)
0	1	游標向右移一位(AC←AC + 1)
1	0	顯示區域與游標向左移一位
1	1	顯示區域與游標向右移一位

6. 功能設定命令(Function Set)：

此指令一定要在所有指令碼之前完成。

RS	R/$\overline{W}$	D_7	D_6	D_5	D_4	D_3	D_2	D_1	D_0
0	0	0	0	1	DL	N	F	×	×

其中：

DL：設定外接處理機的資料長度，DL = 1 為 8 位元資料傳送，DL = 0 為 4 位元資料傳送。

N：選擇顯示之列數為雙列式單列，當 N = 0 表示單列，N = 1 則表示雙列，若單列顯示器以雙列定址仍要將 N 設定為 1。

F：F = 0 為 5×7 點矩陣字型，F = 1 則為 5×10 點矩陣字型。

7. CG RAM 位址設定命令(CG RAM Address Set)：

可將CG RAM位址載入位址計數器中，位址由6個位元組成。

RS	R/$\overline{W}$	D_7	D_6	D_5	D_4	D_3	D_2	D_1	D_0
0	0	0	1	A_5	A_4	A_3	A_2	A_1	A_0

用以指定CG RAM的位址，經過此命令的設定之後，往後的資料傳輸都是針對 CG RAM，從此我們可以設計字型至 CG RAM 或讀取CG RA的內容。

8. DD RAM 位址設定命令(DD RAM Address Set)：

RS	R/$\overline{W}$	D_7	D_6	D_5	D_4	D_3	D_2	D_1	D_0
0	0	1	A_6	A_5	A_4	A_3	A_2	A_1	A_0

用以設定DD RAM的位址，從此命令設定之後，往後的資料傳輸都是針對DD RAM的動作。

9. 忙碌旗號／位址計數器的讀取(Busy Flag/Address Counter Read)：

RS	R/$\overline{W}$	D_7	D_6	D_5	D_4	D_3	D_2	D_1	D_0
0	1	BF	A_6	A_5	A_4	A_3	A_2	A_1	A_0

BF： 爲忙碌旗號，BF ＝1表示 LCD 模組不接收其他命令，如果BF＝0表示LCD模組可以接收其他命令了。

A_0～A_6：位址計數值，所得的值爲最近一次所設定位址命令是 CG RAM或DD RAM中的目前位址值。

註：在寫入指令後加些延遲，使其大於指令的執行時間，如此便可省掉測試BF之動作。

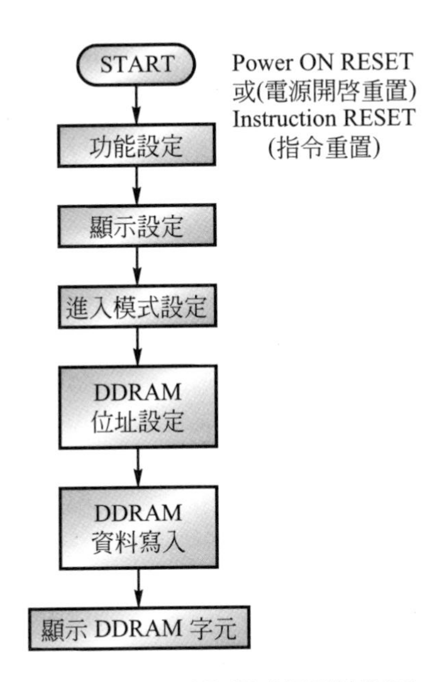

圖 9-1-2　LCD 程式規劃流程圖

三、實驗功能

LCD的第一列顯示“LCD program”，第二列“DESIGN By HSAN”。

四、實驗電路

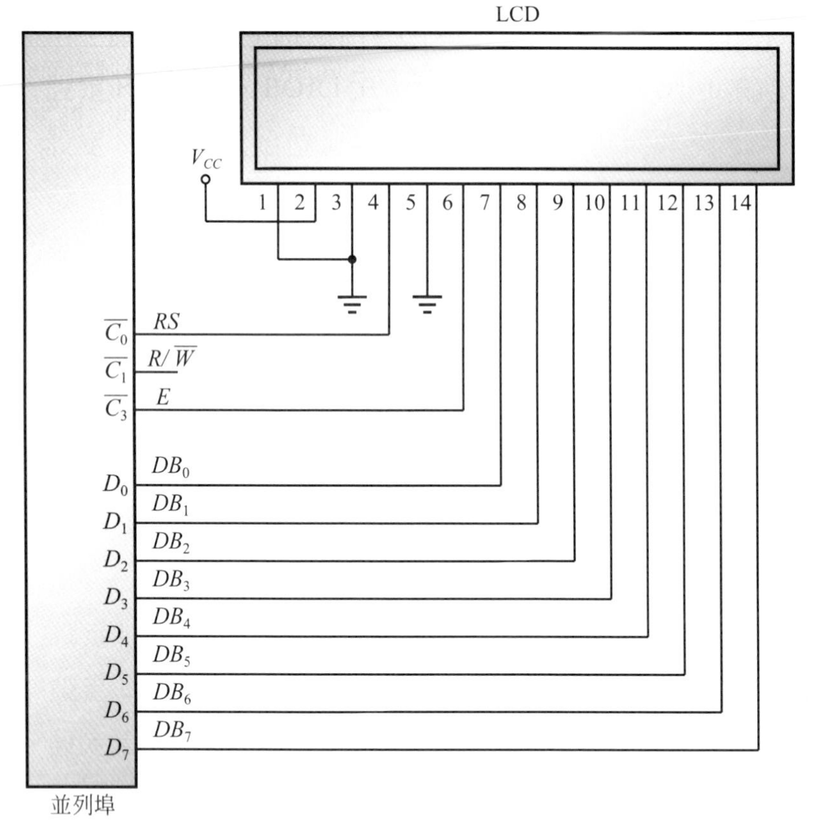

圖 9-1-3　直接由表機埠控制 LCD 電路圖

五、實驗程式設計

(一)程式設計

本實驗使用到四個物件，其中二個爲Command按鈕(執行和結束)，一個 Timer 和一個 Text 做輸出值顯示。如圖 9-1-4 所示。

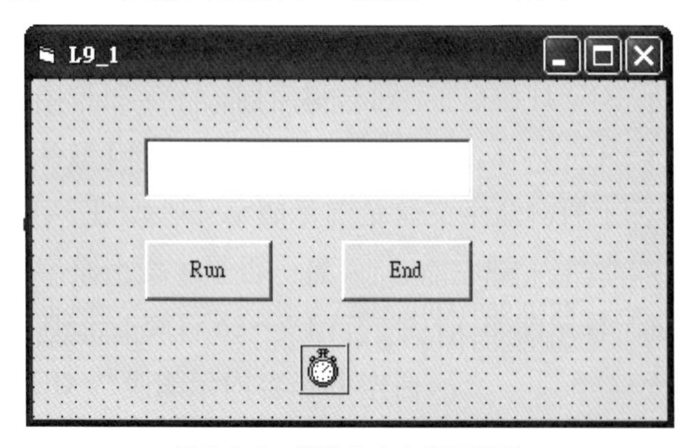

圖 9-1-4　實驗 9-1 之畫面設計

(二)程式設計

```
'  L9_1  LCD 實驗 使用印表機並列埠。
```

(A)程式 IN_OUT 模組

```
1  Public Declare Function Inp Lib "inpout32.dll" _
2  Alias "Inp32" (ByVal PortAddress As Integer) As Integer
3  Public Declare Sub out Lib "inpout32.dll" _
4  Alias "Out32" (ByVal PortAddress As Integer, ByVal Value As Integer)
```

(B)主程式

```
1  Option Explicit
2  Dim Value As Integer
3  Dim PortAddress As Integer
4  Dim Datastring As String
5
6  Private Sub cmdRun_Click()
7    Timer1.Enabled = True
8  End Sub
9
10 Private Sub End_Click()
11   End
12 End Sub
13
14 Private Sub Form_Load()
15    Datastring = "  LCD  Program   Design by Hsan "
16    Timer1.Enabled = False
17    Timer1.Interval = 250
18    PortAddress = &H378
19    out PortAddress + 2, &H0
20    Wr_Ins &H30         ' clear display & all DD RAM are ' ' & AC=0
21    Delay 50
22    Wr_Ins &H38         ' set data = 8 Bits, 5*7 & Dual line
23    Delay 30
24    Wr_Ins &HC          ' display on & curror off
25    Delay 20
26    Wr_Ins &H6          ' write a CHAR & AC=AC+1
27    Delay 10
28    Wr_Ins &H2          ' display & curror return to Home
29 End Sub
30
31 Private Sub timer1_Timer()
```

```
32      Dim i As Integer
33      Wr_Ins &H80
34      For i = 1 To 16      ' 1st line display
35        Value = Val(Asc(Mid(Datastring, i, 1)))
36        Wr_Data Value
37      Next i
38      Wr_Ins &HC0
39      For i = 17 To 32     ' 2st line display
40        Value = Val(Asc(Mid(Datastring, i, 1)))
41        Wr_Data Value
42      Next i
43      Text1.Text = Datastring
44    End Sub
45
46    Public Sub Wr_Ins(Ins As Integer)
47      Dim Ctrl As Integer
48      Ctrl = &H1          'RS=0 ,E=1
49      out PortAddress + 2, Ctrl
50      out PortAddress, Ins
51      Delay 100
52      Ctrl = &HB          'RS=0,E=0
53      out PortAddress + 2, Ctrl
54    End Sub
55
56    Public Sub Wr_Data(Data As Variant)
57      Dim Ctrl As Integer
58      Ctrl = &H0          'RS=1 ,E=1
59      out PortAddress + 2, Ctrl
60      out PortAddress, Data
61      Delay 100
62      Ctrl = &H2          'RS=1,E=0
63      out PortAddress + 2, Ctrl
64    End Sub
66
67    Public Sub Delay(T As Integer)
68      Dim T1, T2 As Integer
69      For T1 = 0 To T
70        For T2 = 0 To T: Next T2
71      Next T1
72    End Sub
```

程式 9-1　L9_1　LCD 實驗 使用印表機並列埠

(二)程式說明

行　號	說　　明
1	強迫程式使用中的變數都必須宣告。
2～4	宣告使用的變數。
6～8	執行物件的副程式，並啓動 Timer1 開始計時。
10～12	結束物件的副程式，命令程式停止執行回到編輯狀態。
14～29	程式執行時自動執行表單載入物件的副程式，用來設定程式中的初使設定。
15	設定將顯示於 LCD 上的字串文字。
16	設定 Timer1 物件暫停執行工作。
17	設定 Timer1 物件執行間隔爲 250m Sec。
18	設定列表機埠未指爲 378H。
19	設定列表機埠爲輸出模式。
20～21	清 LCD 顯示，並使輸出在 LCD 上皆爲空白,游標回到左上角。
22～23	設定 LCD 顯示爲 2 列模式，8 位元資料模式。
24～25	設定 LCD 顯示正常，游標關閉不顯示。
26～27	設定寫入 LCD 後，位址計數器自動加 1 模式。
28	設定 LCD 顯示，游標歸位回到左上角。
31～44	爲Timer1 物件執行期間，更新LCD 顯示，並將所定義的字串，送至 LCD 上的副程式。
33	設定 LCD 顯示位址回到左上角。
34～37	將定義字串前 16 個字元，一個字接一個字的寫到 LCD 的 DD RAM 上，並將顯示於 LCD 第一列字幕上。
38	設定 LCD 游標至第二列最左位置
39～42	將定義字串後 16 個字元，一個字接一個字的寫到 LCD 的 DD RAM 上，並將顯示於 LCD 第二列字幕上。
43	後將定義的字串顯示於螢幕文字盒物件上，可讓我們和LCD上的字幕比對，是否一樣。

46～54　透過列表機埠將 LCD 的命令碼寫到 LCD 上的副程式。

48～49　設定 LCD 爲寫入命令模式。

50　將寫入的命令碼送到 LCD 的 DATA BUS 上。

51　延遲一段時間使命令碼問定的出現在 LCD BUS 上。

52～53　啓動 LCD ENABLE 信號接腳，將放在 LCD DATA BUS 上的命令碼寫入 LCD 的控制暫存器裡。

56～64　透過列表機埠將 LCD 的資料碼寫到 LCD 上的副程式。

58～59　設定 LCD 爲寫入資料模式。

60　將寫入的資料碼送到 LCD 的 DATA BUS 上。

61　延遲一段時間使資料碼問定的出現在 LCD BUS 上。

61～63　啓動 LCD ENABLE 信號接腳，將放在 LCD DATA BUS 上的資料碼寫入 LCD 的 DD RAM 裡。

67～72　時間延遲副程式。

實驗 9-2：LCD 顯示控制實驗(二)

一、實驗目的

瞭解 LCD 的造字功能及控制方法。

二、實驗原理

同實驗 9-1。

三、實驗功能

第一列顯示“王”字，第二列顯示“日”。

四、實驗電路

同實驗 9-1。

五、實驗程式設計

(一)程式設計

本實驗使用到四個物件，其中二個為Command按鈕(執行和結束)，一個 Timer 和一個 Text 做輸出值顯示。如圖 9-2-1 所示。

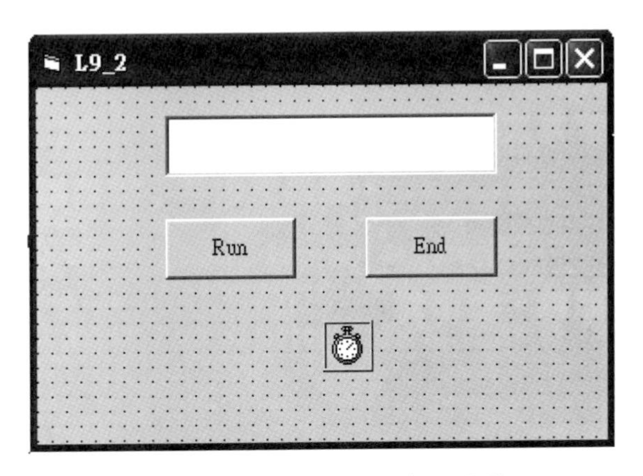

圖 9-2-1　實驗 9-2 之畫面設計

(二)程式設計

(A)程式 IN_OUT 模組

```
'   L9_2  LCD 的造字及控制實驗，使用印表機並列埠。


1   Public Declare Function Inp Lib "inpout32.dll" _
2   Alias "Inp32" (ByVal PortAddress As Integer) As Integer
3   Public Declare Sub out Lib "inpout32.dll" _
4   Alias "Out32" (ByVal PortAddress As Integer, ByVal Value As Integer)
```

(B)主程式

```
1   Option Explicit
2   Dim Value As Integer
3   Dim PortAddress As Integer
4   Dim User_Word As Variant
5   Dim Flag As Integer
6
7   Private Sub cmdRun_Click()
8     Timer1.Enabled = True
9   End Sub
10
11  Private Sub End_Click()
12    End
13  End Sub
14
15  Private Sub Form_Load()
16    Dim i As Integer
17    User_Word = Array(&H1F, &H4, &H4, &HE, &H4, &H4, &H1F, &H0, _
18                      &H1F, &H11, &H11, &H1F, &H11, &H11, &H1F, &H0)
19      Flag = 0
20    Timer1.Enabled = False
21    Timer1.Interval = 700   '0.7 second
22    PortAddress = &H378
23    out PortAddress + 2, &H0
24    Wr_Ins &H30          ' clear display & all DD RAM are ' ' & AC=0
25    Delay 50
26    Wr_Ins &H38          ' set data = 8 Bits, 5*7 & Dual line
27    Delay 30
28    Wr_Ins &HC           ' display on & curror off
29    Delay 20
30    Wr_Ins &H6           ' write a CHAR & AC=AC+1
```

```
31    Delay 10
32    Wr_Ins &H2          ' display & curror return to Home
33
34    ' Creating user define word
35    Wr_Ins &H40
36    For i = 0 To 15
37      Wr_Data User_Word(i)
38    Next i
39
40  End Sub
41
42  Private Sub timer1_Timer()
43    Dim i As Integer
44      If Flag = 0 Then
45       Wr_Ins &H80
46       For i = 0 To 16     ' 1st line display
47         Wr_Data &H0
48       Next i
49       Wr_Ins &HC0
50       For i = 0 To 16    ' 2st line display
51       Wr_Data &H1
52       Next i
53       Text1.Text = " 王日 "
54       Flag = 1
55    Else
56       Wr_Ins &H80
57       For i = 0 To 16     ' 1st line display
58         Wr_Data &H20
59       Next i
60       Wr_Ins &HC0
61       For i = 0 To 16   ' 2st line display
62         Wr_Data &H20
63       Next i
64       Text1.Text = " "
65       Flag = 0
66    End If
67  End Sub
68
69  Public Sub Wr_Ins(Ins As Integer)
70    Dim Ctrl As Integer
71    Ctrl = &H1          'RS=0 ,E=1
72    out PortAddress + 2, Ctrl
73    out PortAddress, Ins
74    Delay 100
```

```
75     Ctrl = &HB          'RS=0,E=0
76     out PortAddress + 2, Ctrl
77  End Sub
78
79  Public Sub Wr_Data(Data As Variant)
80     Dim Ctrl As Integer
81     Ctrl = &H0          'RS=1 ,E=1
82     out PortAddress + 2, Ctrl
83     out PortAddress, Data
84     Delay 100
85     Ctrl = &H2          'RS=1,E=0
86     out PortAddress + 2, Ctrl
87  End Sub
88
89  Public Sub Delay(T As Integer)
90     Dim T1, T2 As Integer
91     For T1 = 0 To T
92     For T2 = 0 To T: Next T2
93     Next T1
94  End Sub
```

程式 9-2 L9_2 LCD 的造字及控制實驗

(三)程式說明

行 號	說 明
1	強迫程式使用中的變數都必須宣告。
2～5	宣告使用的變數。
7～9	執行物件的副程式，並啓動 Timer1 開始計時。
11～13	結束物件的副程式，命令程式停止執行回到編輯狀態。
15～40	程式執行時自動執行表單載入物件的副程式，用來設定程式中的初使設定。
16	宣告 I 變數。
17～18	爲"王"及"日"二字的造字碼。
19	旗標 flag=0 時 LCD 第一列顯示"王"字， 旗標 flag=1 時 LCD 第二列顯示"日"字
20	Timer1 物件暫停執行工作。

21	設定 Timer1 物件執行間隔爲 700m Sec。
22	設定列表機埠未指爲 378H。
23	設定列表機埠爲輸出模式。
24～25	清LCD顯示，並使輸出在LCD上皆爲空白，游標回到左上角。
26～27	設定 LCD 顯示爲 2 列模式，8 位元資料模式。
28～29	設定 LCD 顯示正常，游標關閉不顯示。
30～31	設定寫入 LCD 後，位址計數器自動加 1 模式。
32	設定 LCD 顯示，游標歸位回到左上角。
33～38	將造字碼寫入造字區 0 及 1 位址上的副程式。
42～67	爲 Timer1 物件執行期間，更新 LCD 顯示的副程式。
45	設定 LCD 顯示位址回到左上角。
46～48	將造字"王"字，一個字接一個字的寫到LCD的DD RAM上，並將顯示於 LCD 第一列字幕上。
49	設定 LCD 顯示游標移至第二列第一個位置。
50～52	將造字"王"字，一個字接一個字的寫到LCD的DD RAM上，並將顯示於 LCD 第二列字幕上。
53	將造字"王"及"日"字顯示於螢幕文字盒物件上，可讓我們和LCD上的字幕比對，是否一樣。
54	設定 flag=1 執行 56～65 行，將 LCD 顯示幕清成空白。
56～63	將 LCD 二列顯示清除空白。
64	將空白字顯示於螢幕文字盒物件上，可讓我們和 LCD 上的字幕比對，是否一樣。
65	設定 flag=0 執行 44～52 行，將 LCD 顯示幕顯示王田二字。
69～77	透過列表機埠將 LCD 的命令碼寫到 LCD 上的副程式。
71～72	設定 LCD 爲寫入命令模式。
73	寫入的命令碼送到 LCD 的 DATA BUS 上。
74	延遲一段時間，使命令碼問定的出現在 LCD BUS 上。
75～76	啓動 LCD ENABLE 信號接腳，將放在 LCD DATA BUS 上的命令碼寫入 LCD 的控制暫存器裡。

79～87　透過列表機埠將LCD的資料碼寫到LCD上的副程式。

81～82　設定LCD爲寫入資料模式。

83　寫入的資料碼送到LCD的DATA BUS上。

84　延遲，一段時間使資料碼問定的出現在LCD BUS上。

85～86　啓動LCD ENABLE 信號接腳，將放在LCD DATA BUS上的資料碼寫入LCD的DD RAM 裡。

89～94　時間延遲副程式。

實驗 9-3：LCD 顯示控制實驗(三)

一、實驗目的

經由 8255 控制 LCD 造字及顯示應用。

二、實驗原理

同實驗 9-1。

三、實驗功能

每隔 0.7sec 第一列顯示“王”字，第二列顯示“日”字，之後將兩列清除成空白，然後循環再度顯示。

四、實驗電路

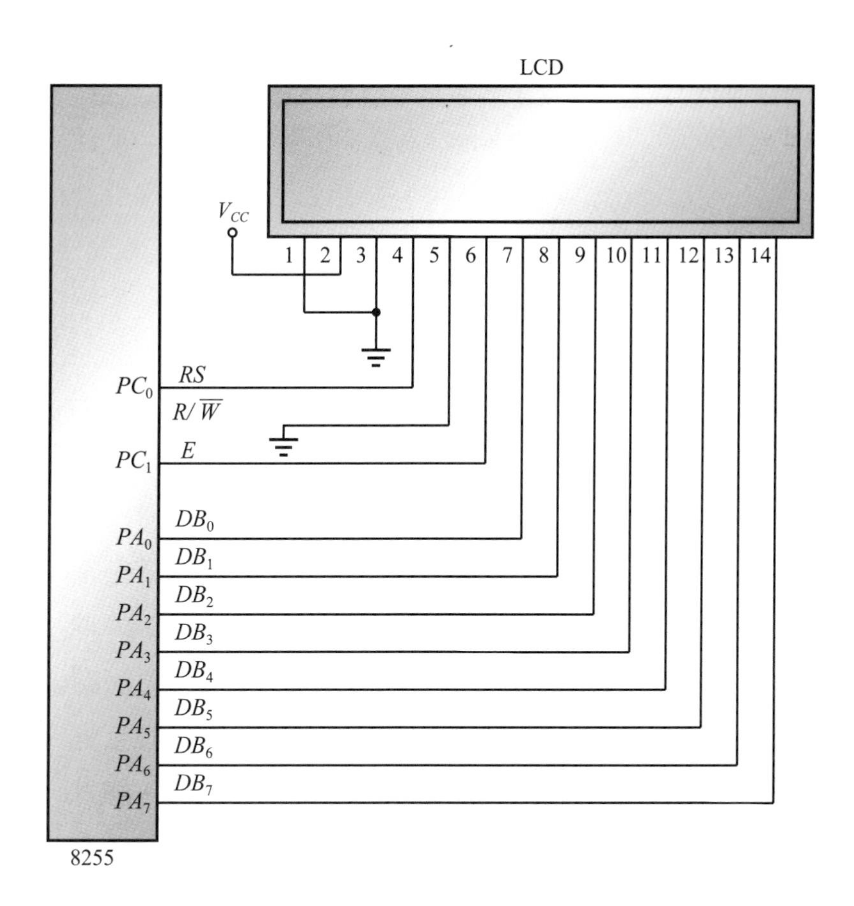

圖 9-3-1　利用 8255 介面控制 LCD 實驗電路圖

五、實驗程式設計

(一)畫面設計

本實驗使用到四個物件，其中二個爲Command按鈕(執行和結束)，一個 Timer 和一個 Text 做輸出值顯示。如圖 9-3-2 所示。

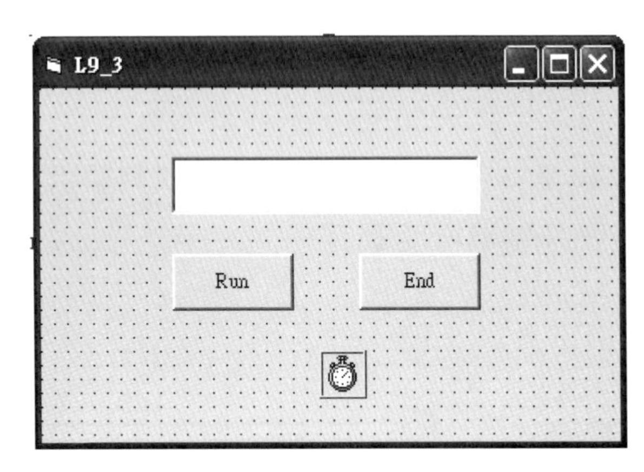

圖 9-3-2 實驗 9-3 之畫面設計

(二)程式設計

```
'   L9_3  LCD 的造字及控制實驗，使用 8255。
'   8255 contrl the LCD
'   RS -> PC0, E -> PC1, R/W->Gnd, DB0 ～ DB7-> PA
```

(A)程式 IN_OUT 模組

```
1  Public Declare Function Inp Lib "inpout32.dll" _
2  Alias "Inp32" (ByVal PortAddress As Integer) As Integer
3  Public Declare Sub out Lib "inpout32.dll" _
4  Alias "Out32" (ByVal PortAddress As Integer, ByVal Value As Integer)
```

(B)主程式

```
1  Option Explicit
2  Dim Value As Integer
3  Dim PortAddress As Integer
4  Dim A8255, Cword As Integer
5  Dim LCD_Ctrl_Bus As Integer
```

```
6   Dim LCD_Data_Bus As Integer
7   Dim User_Word As Variant
8   Dim Flag As Integer
9
10  Private Sub cmdRun_Click()
11     Timer1.Enabled = True
12  End Sub
13
14  Private Sub End_Click()
15     End
16  End Sub
17
18  Private Sub Form_Load()
19     Dim i As Integer
20     User_Word = Array(&H1F, &H4, &H4, &HE, &H4, &H4, &H1F, &H0, _
21                       &H1F, &H11, &H11, &H1F, &H11, &H11, &H1F, &H0)
22     Flag = 0
23     Cword = &H80
24     A8255 = &H80
25     LCD_Data_Bus = A8255
26     LCD_Ctrl_Bus = A8255 + 2
27     Timer1.Enabled = False
28     Timer1.Interval = 700   '0.7 second
29     PortAddress = &H378
30     out PortAddress + 2, &H7
31     Out_addr_data A8255 + 3, Cword
32     LCD_Wr_Ins &H30 ' clear display & all DD RAM are ' ' & AC=0
33     Delay 100
34     LCD_Wr_Ins &H38         ' set data = 8 Bits, 5*7 & Dual line
35     Delay 50
36     LCD_Wr_Ins &HC          ' display on & curror off
37     Delay 50
38     LCD_Wr_Ins &H6          ' write a CHAR & AC=AC+1
39     Delay 50
40     LCD_Wr_Ins &H2          ' display & curror return to Home
41      ' For creating user define word
42     LCD_Wr_Ins &H40
43     For i = 0 To 15
44       LCD_Wr_Data User_Word(i)
45       Delay 100
46     Next i
47  End Sub
```

```
48
49  Private Sub timer1_Timer()
50    Dim i As Integer
51      If Flag = 0 Then
52       LCD_Wr_Ins &H80
53       For i = 0 To 16      ' 1st line display
54         LCD_Wr_Data &H0
55       Next i
56       LCD_Wr_Ins &HC0
57       For i = 0 To 16     ' 2st line display
58         LCD_Wr_Data &H1
59       Next i
60       Text1.Text = " 王日 "
61       Flag = 1
62    Else
63       LCD_Wr_Ins &H80
64       For i = 0 To 16      ' 1st line display
65         LCD_Wr_Data &H20
66       Next i
67       LCD_Wr_Ins &HC0
68       For i = 0 To 16    ' 2st line display
69         LCD_Wr_Data &H20
70       Next i
71       Text1.Text = " "
72       Flag = 0
73    End If
74  End Sub
75
76  Public Sub LCD_Wr_Ins(Ins As Integer)
77    Dim Ctrl As Integer
78    Ctrl = &H2          'RS=0 ,E=1
79    Out_addr_data LCD_Ctrl_Bus, Ctrl
80    Out_addr_data LCD_Data_Bus, Ins
81    Delay 100
82    Ctrl = &H0          'RS=0,E=0
83    Out_addr_data LCD_Ctrl_Bus, Ctrl
84  End Sub
85
86  Public Sub LCD_Wr_Data(data As Variant)
87    Dim Ctrl As Integer
88    Ctrl = &H3          'RS=1 ,E=1
89    Out_addr_data LCD_Ctrl_Bus, Ctrl
```

```
90    Out_addr_data LCD_Data_Bus, data
91    Delay 100
92    Ctrl = &H1          'RS=1,E=0
93    Out_addr_data LCD_Ctrl_Bus, Ctrl
94  End Sub
95
96  Public Sub Out_addr_data(addr As Integer, data As Variant)
97    Dim i As Integer
98    out PortAddress + 2, &H7   'out mode & ALE, /RD, /WR no active
99    out PortAddress, addr      'send address
100   out PortAddress + 2, &HF   'send ALE=high
101   out PortAddress + 2, &H7   'send ALE=low
102   out PortAddress, data       'send data
103   out PortAddress + 2, &H6   'send /WR=low
104   For i = 0 To 100: Next i     'delay
105   out PortAddress + 2, &H7 'send /WR=high
106 End Sub
107
108 Public Sub Delay(T As Integer)
109   Dim T1, T2 As Integer
110   For T1 = 0 To T
111     For T2 = 0 To T: Next T2
112   Next T1
113 End Sub
```

程式 9-3　L9_3 LCD 的造字及控制實驗

(三) 程式說明：(B)主程式

行 號	說　　明
1	強迫程式使用中的變數都必須宣告。
2～8	宣告使用的變數。
10～12	執行物件的副程式，並啓動 Timer1 開始計時。
14～16	結束物件的副程式，命令程式停止執行回到編輯狀態。
18～47	程式執行時自動執行表單載入物件的副程式，用來設定程式中的初始設定。
19	宣告 I 變數。
20～21	為"王"及"日"二字的造字碼。

22	旗標 flag=0 時 LCD 第一列顯示"王"字， LCD 第二列顯示"日"字，旗標 flag=1 時，將 LCD 二列顯示內容清除空白。
23	設定 PORT A，PORT B，PORT C，為 MODE 0 輸出模式。
24	設定 8255 的起始位址為 80H。
25	設定 LCD DATA BUS 連接至 8255 的 PORT A。
26	設定 LCD 的 RW，RS，ENABLE 連接至 8255 的 PORTC。
27	Timer1 物件暫停執行工作。
28	設定 Timer1 物件執行間隔為 700m Sec。
29	設定列表機埠位址為 378H。
30～31	設定列表機埠為輸出模式。
32～33	清LCD顯示，並使輸出在LCD上字幕皆為空白，游標回到左上角。
34～35	設定 LCD 顯示為 2 列模式，8 位元資料模式。
36～37	設定 LCD 顯示正常，游標關閉不顯示。
38～39	設定寫入 LCD 後，位址計數器自動加 1 模式。
40	設定 LCD 顯示，游標歸位回到左上角。
42～47	將造字碼寫入造字區 0 及 1 位址上的副程式。
49～74	為 Timer1 物件執行期間，更新 LCD 顯示的副程式。
52	設定 LCD 顯示位址回到左上角。
53～55	將造字"王"字，一個字接一個字的寫到LCD的DD RAM上，並將顯示於 LCD 第一列字幕上。
56	設定 LCD 顯示游標移至第二列第一個位置。
57～59	將造字"日"字，一個字接一個字的寫到LCD的DD RAM上，並將顯示於 LCD 第二列字幕上。
60	將造字"王"及"日"字顯示於螢幕文字盒物件上，可讓我們和LCD上的字幕比對，是否一樣。
61	設定 flag=1 執行 63～71 行，將 LCD 顯示幕清成空白。
63～70	將 LCD 二列顯示內容清除空白。

71	將空白字顯示於螢幕文字盒物件上，可讓我們和LCD上的字幕比對，是否一樣。
72	設定 flag=0 執行 52～60 行，將 LCD 顯示幕顯示王日二字。
76～84	透過列表機埠將LCD的命令碼寫到LCD上的副程式。
78～79	設定LCD爲寫入命令模式。
80	寫入的命令碼送到LCD的DATA BUS上。
81	延遲一段時間，使命令碼穩定的出現在LCD BUS上。
82～83	啓動LCD ENABLE 信號接腳，將放在LCD DATA BUS上的命令碼寫入LCD的控制暫存器裡。
86～94	透過列表機埠將LCD的資料碼寫到LCD上的副程式。
88～89	設定LCD爲寫入資料模式。
90	寫入的資料碼送到LCD的DATA BUS上。
91	延遲一段時間使資料碼穩定的出現在LCD BUS上。
92～93	啓動LCD ENABLE 信號接腳，將放在LCD DATA BUS上的資料碼寫入LCD的DD RAM 裡。
96～106	將位址及資料寫入擴充IC8255裡的副程式。
98	設定列表機埠爲輸出模式，ALE=0，/RD=1，/WR=1爲不作用狀態。
99	將位址從列表機資料埠輸出至位址栓鎖器74373上。
100～101	將ALE信號輸出HIGH→LOW把位址鎖住在74373上，將指定位址送至擴充IC8255上。
102	將資料從列表機資料埠輸出至擴充IC8255的資料匯流排上。
103～105	將/WR輸出LOW→HIGH把資料寫入定址的暫存器裡。
108～113	時間延遲副程式。

實驗 9-4：LCD + 4×4 鍵盤顯示控制實驗

一、實驗目的

了解LCD及鍵盤應用控制。

二、實驗原理

利用8255 port A及port C來控制LCD顯示，port B連接74922，它是一個4×4 16按鍵編碼器，當按鍵被按時自動輸出四個位元的編碼二進位值，此時亦產生資料有效信號(DA接腳)提供微處理機判斷並讀取按鍵值。

三、實驗功能

本實驗經由鍵盤輸入按鍵值，並將其按鍵編碼0～F共十六鍵的ASCII碼顯示在LCD的第二列上，當超過十六個字後，將第二列清成空白，繼續依按鍵值由左至右顯示。

四、實驗電路

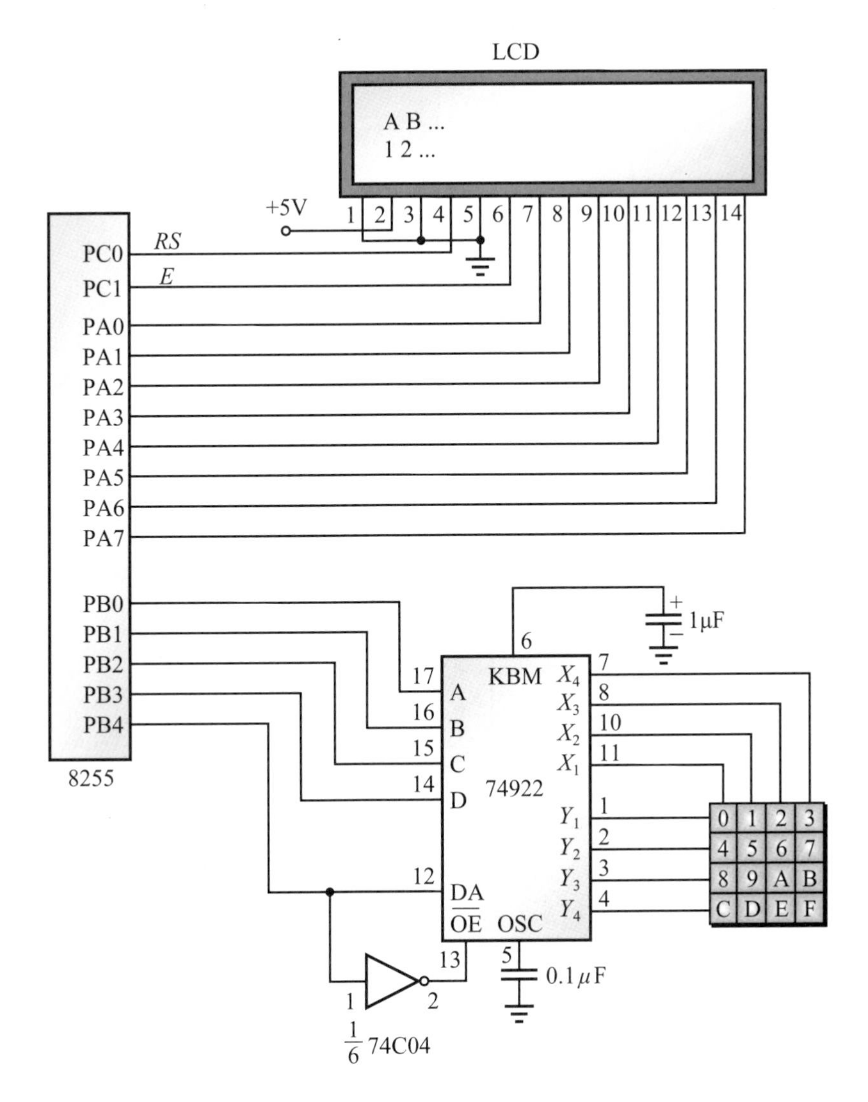

圖 9-4-1　LCD + 4×4 鍵盤電路圖

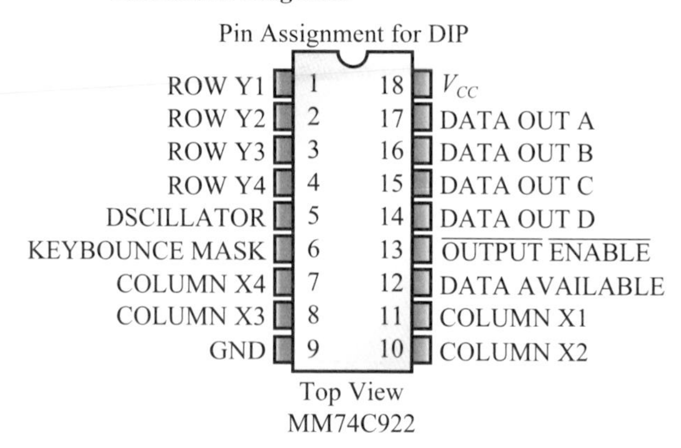

圖 9-4-2　MM74C922 接腳圖(摘錄出 Fairchild 半導體公司資料手冊)

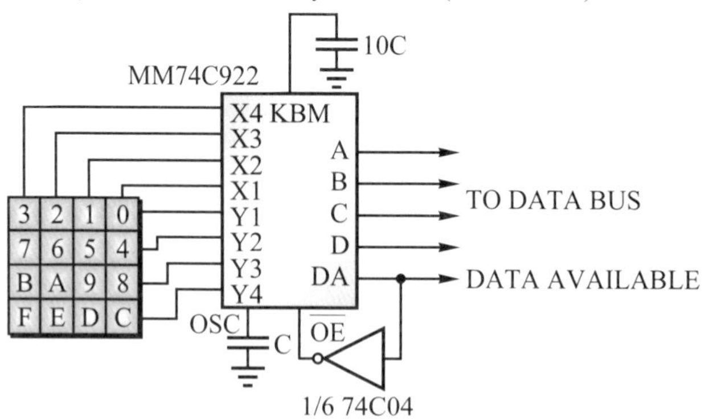

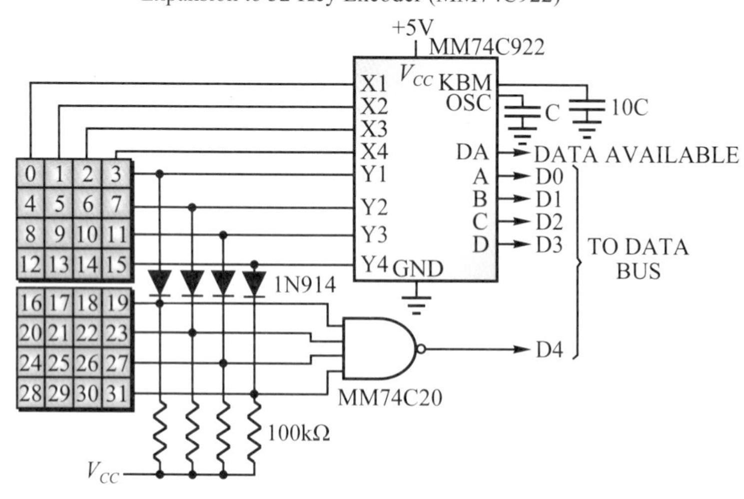

圖 9-4-3　MM74C922 應用電路圖(摘錄出 Fairchild 半導體公司資料手冊)

五、實驗程式設計

(一)畫面設計

本實驗使用到四個物件，其中二個爲Command按鈕(執行和結束)，一個 Timer 和一個 Text 做輸出值顯示。如圖 9-4-4 所示。

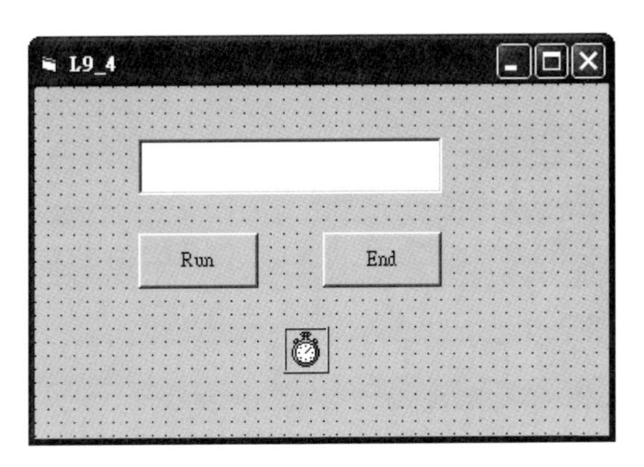

圖 9-4-4　實驗 9-4 之畫面設計

(二)程式設計

```
'L9_4  LCD + 4*4 Key 控制實驗，使用 8255。
'PC0->RS, PC1->E, Gnd->R/W, PA -> DB0 ～ DB7, PB -> 4*4 Key in

(A)程式  IN_OUT 模組

1Public Declare Function Inp Lib "inpout32.dll" _
2Alias "Inp32" (ByVal PortAddress As Integer) As Integer
3Public Declare Sub out Lib "inpout32.dll" _
4Alias "Out32" (ByVal PortAddress As Integer, ByVal Value As Integer)

(B)主程式

1Option Explicit
2Dim PortAddress As Integer
3Dim A8255, Cword As Integer
4Dim LCD_Ctrl_Bus As Integer
5Dim LCD_Data_Bus As Integer
6Dim Key_in_Bus As Integer
7Dim String1 As String
8Dim Num_string As String
```

```
9Dim Line1(1 To 16) As Integer
10Dim Line2(1 To 16) As Integer
11Dim Number(0 To 15) As Integer
12
13Private Sub cmdRun_Click()
14  Dim Value, Count, j As Integer
15  Timer1.Enabled = True
16  Count = 0
17  While 1
18    Value = In_addr_data(Key_in_Bus)
19    If (Value And &H10) <> &H0 Then
20       Value = Value And &HF
21       Count = Count + 1
22       If Count > 16 Then
23         Count = 1
24         For j = 1 To 16
25           Line2(j) = &H20      ' &H20 is space
26         Next j
27       End If
28       Line2(Count) = Number(Value)
29    End If
30    Do
31      Value = In_addr_data(Key_in_Bus)
32      DoEvents
33    Loop While (Value And &H10) <> &H0
34    DoEvents
35  Wend
36End Sub
37
38Private Sub End_Click()
39  End
40End Sub
41
42Private Sub Form_Load()
43  Dim i As Integer
44  Cword = &H82
45  A8255 = &H80
46  LCD_Data_Bus = A8255
47  Key_in_Bus = A8255 + 1
48  LCD_Ctrl_Bus = A8255 + 2
49  String1 = "LCD And 4*4 Key "
50  Num_string = "0123456789ABCDEF"
```

```
51  Timer1.Enabled = False
52  Timer1.Interval = 10
53  PortAddress = &H378
54  out PortAddress + 2, &H7
55  Out_addr_data A8255 + 3, Cword
56  For i = 1 To 16
57    Line1(i) = Val(Asc(Mid(String1, i, 1)))
58  Next i
59  For i = 1 To 16
60    Line2(i) = &H20
61  Next i
62  For i = 0 To 15
63    Number(i) = Val(Asc(Mid(Num_string, i + 1, 1)))
64  Next i
65  LCD_Wr_Ins &H30         ' clear display & all DD RAM are ' ' & AC=0
66  Delay 100
67  LCD_Wr_Ins &H38         ' set data = 8 Bits, 5*7 & Dual line
68  Delay 50
69  LCD_Wr_Ins &HC          ' display on & curror off
70  Delay 50
71  LCD_Wr_Ins &H6          ' write a CHAR & AC=AC+1
72  Delay 50
73  LCD_Wr_Ins &H2          ' display & curror return to Home
74End Sub
75
76Private Sub timer1_Timer()
77  Dim i As Integer
78  LCD_Wr_Ins &H80
79  For i = 1 To 16      ' 1st line display
80     LCD_Wr_Data Line1(i)
81  Next i
82  LCD_Wr_Ins &HC0
83  For i = 1 To 16     ' 2st line display
84     LCD_Wr_Data Line2(i)
85  Next i
86End Sub
87
88Public Sub LCD_Wr_Ins(Ins As Integer)
89  Dim Ctrl As Integer
90  Ctrl = &H2          'RS=0 ,E=1
91  Out_addr_data LCD_Ctrl_Bus, Ctrl
92  Out_addr_data LCD_Data_Bus, Ins
```

```
93  Delay 100
94  Ctrl = &H0          'RS=0,E=0
95  Out_addr_data LCD_Ctrl_Bus, Ctrl
96End Sub
97
98Public Sub LCD_Wr_Data(data As Variant)
99  Dim Ctrl As Integer
100  Ctrl = &H3          'RS=1 ,E=1
101  Out_addr_data LCD_Ctrl_Bus, Ctrl
102  Out_addr_data LCD_Data_Bus, data
103  Delay 100
104  Ctrl = &H1          'RS=1,E=0
105  Out_addr_data LCD_Ctrl_Bus, Ctrl
106End Sub
107
108Public Sub Out_addr_data(addr As Integer, data As Variant)
109  Dim i As Integer
110  out PortAddress + 2, &H7  'out mode & ALE, /RD, /WR no active
111  out PortAddress, addr     'send address
112  out PortAddress + 2, &HF  'send ALE=high
113  out PortAddress + 2, &H7  'send ALE=low
114  out PortAddress, data     'send data
115  out PortAddress + 2, &H6  'send /WR=low
116  For i = 0 To 100: Next i    'delay
117  out PortAddress + 2, &H7  'send /WR=high
118End Sub
119
120Public Function In_addr_data(addr As Integer)
121  Dim i, data As Integer
122  out PortAddress + 2, &H7  'out mode & ALE, /RD, /WR no active
123  out PortAddress, addr     'send address
124  out PortAddress + 2, &HF  'send ALE=high
125  out PortAddress + 2, &H7  'send ALE=low
126  out PortAddress, &HFF     'data port=&HFF for acting input
127  out PortAddress + 2, &H27 'set input mode
128  out PortAddress + 2, &H25 'send /RD=low
129  data = Inp(PortAddress)   'read data
130  out PortAddress + 2, &H27 'send /RD=high
131  In_addr_data = data
132End Function
133
134Public Sub Delay(T As Integer)
```

```
135  Dim T1, T2 As Integer
136  For T1 = 0 To T
137    For T2 = 0 To T: Next T2
138  Next T1
139End Sub
```

程式 9-4 L9_4 LCD+4×4 鍵盤控制實驗

(三) 程式說明：(B)主程式

行 號	說 明
1	強迫程式使用中的變數都必須宣告。
2～8	宣告使用的變數。
9～11	宣告使用的陣列變數。
13～36	執行物件的副程式，主要是判斷鍵盤，並將按鍵值顯示在 LCD 的第二列上。
15	並啟動 Timer1 物件，開始計時中斷。
16	LCD 每列有 16 個字，每一按鍵顯示一字，開始時設定為零。
17～35	判斷按鍵並更新顯示資料，為一無窮迴圈。
18	讀取按鍵值及按鍵中斷信號。
19	判斷是否有按鍵被按。
20～29	為按鍵顯示更新及清除動作。
20	有按鍵被按，將按鍵值取出。
21	按鍵顯示向右移一位，為下一按鍵值顯示。
22～27	如顯示位置已經超過 16 個字，則清除LCD第二列，並將游標歸位至最左邊。
28	將按鍵值，更新至顯示緩衝區上，等待時間更新。
30～33	等待判斷是否有按鍵被按。
38～40	結束物件的副程式，命令程式停止執行回到編輯狀態。
42～74	程式執行時自動執行表單載入物件的副程式，用來設定程式中的初始設定。

43	宣告I變數。
44	設定PORT A、PORT C，爲MODE 0 輸出，PORT B爲輸入。
45	設定8255的起始位址爲80H。
46	設定LCD DATA BUS連接至8255 的PORT A。
47	設定鍵盤鍵値連接至8255 的PORT B。
48	設定LCD的RW，RS，ENABLE連接至8255 的PORT C。
49	定義顯示在LCD第一列字串。
50	定義鍵盤按鍵編碼字串。
51	Timer1 物件暫停執行工作。
52	設定Timer1 物件執行間隔爲10m Sec。
53	設定列表機埠位址爲378H。
54	設定列表機埠爲輸出模式。
55	將8255的控制碼寫入8255控制暫存器裡。
56～58	將 STRING1 定義字串放入 LINE1 顯示緩衝區上，時間到時顯示在LCD第一列上。
59～61	LINE2 顯示緩衝區，塡入空白字元。
62～64	將NUM_STRING定義字串放入NUMBER查表緩衝區陣列上。
65～66	清LCD顯示，並使輸出在LCD上字幕皆爲空白，游標回到左上角。
67～68	設定LCD顯示爲2列模式，8位元資料模式。
69～70	設定LCD顯示正常，游標關閉不顯示。
71～72	設定寫入LCD後，位址計數器自動加1模式。
73	設定LCD顯示，游標歸位回到左上角。
76～86	爲Timer1 物件執行期間，更新LCD 顯示的副程式。
78	設定LCD顯示位址回到左上角。
79～81	將LINE1陣列內容，一個字接一個字的寫到LCD的DD RAM上，並將顯示於LCD第一列字幕上。
82	設定LCD顯示游標移至第二列第一個位置。

83～85　將 LINE2 陣列內容，一個字接一個字的寫到 LCD 的 DD RAM 上，並將顯示於 LCD 第二列字幕上。

88～96　透過列表機埠將 LCD 的命令碼寫到 LCD 上的副程式。

90～91　設定 LCD 爲寫入命令模式。

92　寫入的命令碼送到 LCD 的 DATA BUS 上。

93　延遲一段時間，使命令碼穩定的出現在 LCD BUS 上。

94～95　啓動 LCD ENABLE 信號接腳，將放在 LCD DATA BUS 上的命令碼寫入 LCD 的控制暫存器裡。

98～106　透過列表機埠將 LCD 的資料碼寫到 LCD 上的副程式。

100～101　設定 LCD 爲寫入資料模式。

102　寫入的資料碼送到 LCD 的 DATA BUS 上。

103　延遲一段時間使資料碼穩定的出現在 LCD BUS 上。

104～105　啓動 LCD ENABLE 信號接腳，將放在 LCD DATA BUS 上的資料碼寫入 LCD 的 DD RAM 裡。

108～118　將位址及資料寫入擴充 IC8255 裡的副程式。

110　設定列表機埠爲輸出模式，ALE=0，/RD=1，/WR=1 爲不作用狀態。

111　將位址從列表機資料埠輸出至位址栓鎖器 74373 上。

112～113　將 ALE 信號輸出 HIGH→LOW 把位址鎖住在 74373 上，將指定位址送至擴充 IC8255 上。

114　將資料從列表機資料埠輸出至擴充 IC8255 的資料匯流排上。

115～117　將/WR 輸出 LOW→HIGH 把資料寫入定址的暫存器裡。

120～132　將從擴充 IC8255 裡讀取資料的副程式。

122　設定列表機埠爲輸出模式，ALE=0，/RD=1，/WR=1 爲不作用狀態。

123　將位址從列表機資料埠輸出至位址栓鎖器 74373 上。

124～125　將 ALE 信號 輸出 HIGH→LOW 把位址鎖住在 74373 上，將指定位址送至擴充 IC8255 上。

126～127 設定列表機埠爲輸入模式。

128 將/RD 輸出 LOW

129 將資料從列表機資料埠讀取擴充 IC8255 的資料。

130 將/RD 輸出 HIGH 完成讀取程序。

134～139 時間延遲副程式。

PRINT PORT 8255/8254卡

- 本卡包含有兩顆8255A及8254
- 提供6個可規劃的並列輸出／輸入埠及可規劃的計時／計數通道
- 免拆電腦透過PRINTER PORT做8255、8254的控制與教學
- 適用於Notebook與PC做各類輸出入控制
- 有3個40點的I/O PIN
- 可作下列實習：

A.跑馬燈實習

B.鍵盤與顯示器實習

C.LCD顯示實習

D.中英文點矩陣顯示實習

E.步進馬達實習

F.A/D,D/A轉換器實習

G.利用列表埠作兩部PC通訊實習

國家圖書館出版品預行編目資料

微電腦 I /O 介面控制實習 : 使用 Visual Basic /
黃新賢, 陳瑞錡, 洪純福編著. -- 二版. --
臺北縣土城市 : 全華圖書, 2008.09
面 ; 公分
ISBN 978-957-21-6550-8(平裝附光碟片)

1.電腦界面 2.微電腦 3.BASIC(電腦程式語言)

312.16 97009709

微電腦 I/O 介面控制實習－使用 Visual Basic

(附範例光碟)

作者 / 黃新賢、陳瑞錡、洪純福
執行編輯 / 陳淑鈴
發行人 / 陳本源
出版者 / 全華圖書股份有限公司
郵政帳號 / 0100836-1 號
印刷者 / 宏懋打字印刷股份有限公司
圖書編號 / 05608017
二版三刷 / 2012 年 08 月
定價 / 新台幣 320 元
ISBN / 978-957-21-6550-8
全華圖書 / www.chwa.com.tw
全華網路書店 Open Tech / www.opentech.com.tw
若您對書籍內容、排版印刷有任何問題，歡迎來信指導 book@chwa.com.tw

臺北總公司(北區營業處)
地址：23671 新北市土城區忠義路 21 號
電話：(02) 2262-5666
傳真：(02) 6637-3695、6637-3696

南區營業處
地址：80769 高雄市三民區應安街 12 號
電話：(07) 862-9123
傳真：(07) 862-5562

中區營業處
地址：40256 臺中市南區樹義一巷 26 號
電話：(04) 2261-8485
傳真：(04) 3600-9806

讀者回函卡

填寫日期：　/　/

姓名：＿＿＿＿　生日：西元＿＿年＿＿月＿＿日　性別：□男 □女

電話：（　）＿＿＿＿　傳真：（　）＿＿＿＿　手機：＿＿＿＿

e-mail：（必填）

註：數字零，請用 Φ 表示，數字 1 與英文 L 請另註明並書寫端正，謝謝。

通訊處：□□□□□

學歷：□博士　□碩士　□大學　□專科　□高中・職

職業：□工程師　□教師　□學生　□軍・公　□其他

學校／公司：＿＿＿＿　科系／部門：＿＿＿＿

・需求書類：

□ A. 電子 □ B. 電機 □ C. 計算機工程 □ D. 資訊 □ E. 機械 □ F. 汽車 □ I. 工管 □ J. 土木

□ K. 化工 □ L. 設計 □ M. 商管 □ N. 日文 □ O. 美容 □ P. 休閒 □ Q. 餐飲 □ B. 其他

・本次購買圖書為：＿＿＿＿　書號：＿＿＿＿

・您對本書的評價：

封面設計：□非常滿意　□滿意　□尚可　□需改善，請說明＿＿＿＿

內容表達：□非常滿意　□滿意　□尚可　□需改善，請說明＿＿＿＿

版面編排：□非常滿意　□滿意　□尚可　□需改善，請說明＿＿＿＿

印刷品質：□非常滿意　□滿意　□尚可　□需改善，請說明＿＿＿＿

書籍定價：□非常滿意　□滿意　□尚可　□需改善，請說明＿＿＿＿

整體評價：請說明＿＿＿＿

・您在何處購買本書？

□書局　□網路書店　□書展　□團購　□其他＿＿＿＿

・您購買本書的原因？（可複選）

□個人需要　□幫公司採購　□親友推薦　□老師指定之課本　□其他＿＿＿＿

・您希望全華以何種方式提供出版訊息及特惠活動？

□電子報　□ DM　□廣告（媒體名稱＿＿＿＿）

・您是否上過全華網路書店？（www.opentech.com.tw）

□是　□否　您的建議＿＿＿＿

・您希望全華出版那方面書籍？＿＿＿＿

・您希望全華加強那些服務？＿＿＿＿

～感謝您提供寶貴意見，全華將秉持服務的熱忱，出版更多好書，以饗讀者。

全華網路書店 http://www.opentech.com.tw　　客服信箱 service@chwa.com.tw

2011.03 修訂

親愛的讀者：

感謝您對全華圖書的支持與愛護，雖然我們很慎重的處理每一本書，但恐仍有疏漏之處，若您發現本書有任何錯誤，請填寫於勘誤表內寄回，我們將於再版時修正，您的批評與指教是我們進步的原動力，謝謝！

全華圖書　敬上

勘　誤　表

書　號		書　名	作　者
頁　數	行　數	錯誤或不當之詞句	建議修改之詞句

我有話要說：（其它之批評與建議，如封面、編排、內容、印刷品質等・・・）